做決定不要靠運氣

從出門購物到分類郵件，用演算法找出人生最佳解

BAD CHOICES

阿里・艾默沙維 Ali Almossawi 著 朱詩迪 譯

目錄

你可以在知識的汪洋裡泅泳，起身後卻不會渾身濕透。

——諾頓．傑斯特（Norton Juster），《神奇收費亭》（*The Phantom Tollbooth*）

序言

你知道理查．費曼（Richard Feynman）是看見了某人把餐盤拋向空中的景象，因而著手探究，最後得出榮獲諾貝爾獎的方程式嗎？你知道馮紐曼（John von Neumann）是基於友人對「人類大腦裡究竟儲存了多少記憶」的猜想，從而模擬架構了電子計算機的組件嗎？你知道動物園裡紅毛猩猩的踢腿模樣和叫聲，引領查爾斯．達爾文洞見出偉大的觀點？這些人物的共同點就在於，他們的視野遠遠跳脫出實驗室的框限，讓物理、數學及科學在生活中無所不在。

即便你並不渴求摘獲諾貝爾獎，但你可知自己在日常生活裡的行事方式，或許都能被建構成演算法（algorithms）？事實上，人們每一天都運用演算法來解決各式各樣的問題，例如，在成堆的衣物裡找尋一雙成對的襪子，或是規劃何時要去採買日常用品，要怎樣安排一天的工作優先次序等。演算法是在有限時間裡達成某特定目標的一連串明確步驟，而這一連串的步驟是以某個輸入值（input）為起點，且預計會得出一個輸出值（output）——這就是演算法的主要特徵。令人不由感到讚嘆的是，源自約公元前一八〇〇年至一六〇〇年的巴比倫泥板顯示，古巴比倫人將判定事物的程序記錄了下來。比方說，複利的計算方法，或是從蓄水池的長寬運算出深度和容量。換句話說，這些程序就是由一連串明確的步驟組成，亦即，具有一些輸入值和輸出值，且在運算結束後得出實用結果。是以在往後的數個世紀以來，演算法始終可見於許多數學相關的文章著作之中。直到電腦問世之後，由於演算法的這些特性使得電腦能以可預期的方式執行任務，從而證明了演算法的無比重要性。

雖然演算法在人們的生活裡占有重要地位，但闡述該主題的文本卻往往放大聚焦在複雜的細節之處，即偏重知識論，因而讓人無從領略那賦予演算法無窮魅力的實用面向。如前所述看似簡單平凡的日常任務，都能以數種不同的方法著手進行，而我們愈是能察覺自己採用的方法為何，就愈是能訓練自己以最有效率的方式完成任務。不妨將此過程看作是提升那人人都具有的萬用直覺力，這也就是本書的使命所在。本書旨在藉由突顯日常任務的不同處理方法，來讓你認識演算法思考，並說明這些方法呈現出的**相對**結果。舉例來說，在衣架上找尋一件尺寸合適的襯衫所使用的兩種方法可用下頁圖描述[1]。

我們會陸續在本書內容裡充分探討這兩條分別名為**線性**（linear）及**對數**（logarithmic）的曲線。雖然這兩種方法在處理少量事物時，執行成果不相上

1 本書所有的圖表曲線都是採雙對數（log-log scale）座標繪製而成，故呈現出如此樣貌。

下，但我們也可以看到，隨著事物數量增加，兩者之間開始產生差距。本書描繪了十二種常見的生活場景，像是在客廳、裁縫店和百貨公司等，而每一場景都包含了若干任務。我們會先以插圖揭開場景序幕，以一段落的文字說明狀況後，接著花幾頁篇幅評述討論，藉此將該情境與電腦科學的具體概念結合，並指出執行眼前基本任務至少可採用的兩種方法，其中一種速度較慢，另一種則較快。兩者之間的差異正是本書原文書名（儘管帶有

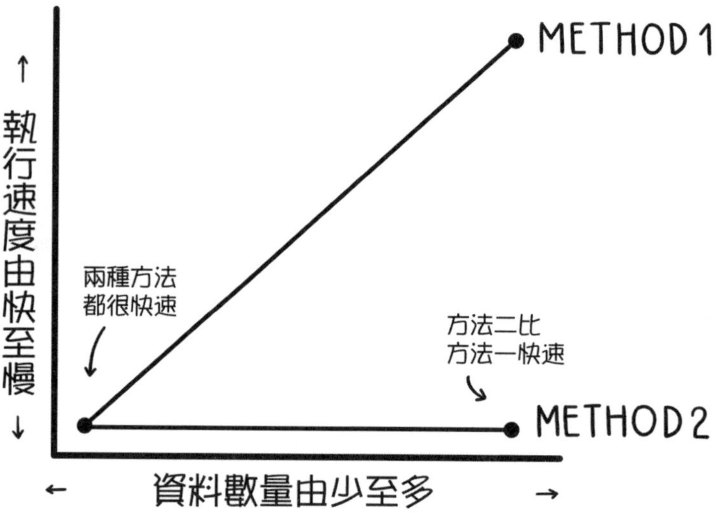

一絲挑釁意味）意欲強調之處。其書名的發想一部分是受到電腦科學家高德納（Donald Knuth）談及「好的」演算法，也就是快速或有效演算法的言論啟發[2]。

2 必須在此特別說明的是，這些附加的修飾詞語未必能概括所有的生活面向。比方說，在學習過程中追求速度並不可取。就我的經驗而論，灌輸學生速成觀念的教學環境實為引導學生走向失敗之途。

導言

為什麼關注相對程度（Relative Magnitudes）？

對比具有不可思議的力量。像是「大小」這類抽象概念是孩童最先學會的事物之一，因此若有小朋友問道：「歷史博物館裡的泰坦巨龍有多高呢？」你會發現，「十七英尺高，還只是一隻小恐龍的身型而已。」這般回答對小朋友來說，並沒有太大意義。「假如蘇珊太太、瑪格麗特太太，還有海飛茲先生依序站在對方肩膀上的話，海飛茲先生說不定可以在那隻恐龍的下巴搔癢噢。」如此的答案反而更能讓孩子理解。

事實上，根據相對程度思考可謂每個人與生俱來的能力。近來的實驗結果指出，嬰兒對於一幅所見影像裡的變化，與影像在數量上的明顯改變，兩者引起的大腦活動量相當。其他針對較偏僻地域進行的實驗也顯示，那些未受過一般所謂正規教育的人們，是以數量級數（orders of magnitude）來推定數量。這似乎就是人們天生擁有的直覺力。

最能明顯領會這份直覺力的一群人是電腦科學家。正是這份直覺力，讓他們能夠在數種解決問題的途徑之中，快速判別哪一種較為理想。而這也提醒著我們，即便你在特定領域培養了專業技能，能以相對程度來看待事物依然會很有幫助。這就好比在小學課堂上學到的數學符號，這些符號在往後的求學過程和日常生活裡都仍繼續使用著。

上述想法就是我寫作本書的主要動機。我在學生時期常常使用對比、估算、近似值來理解各種概念，但我卻不太敢告訴別人，因為這難免讓人感覺是種馬虎應對的學習方法。直到我閱讀了《最奇怪的人》（*The Strangest Man*）[1]、《心智社群》（*The Society of Mind*）等書，我才發現原來不是只有我認為那樣的思考方式讓人獲益匪淺。後來我又讀了《科學與工程學的洞察藝術》（*The Art of Insight in Science and Engineering*）和其他主題近似的書籍，內容都談及到相同的概念和這種思考方式對洞察力產生的影響。

我由衷希望人們透過這本書，能牢記自己擁有更善於思考人生中各種決定的

---

1 這本書裡有一節有趣段落描寫奧利佛・黑維塞（Oliver Heaviside）這位以務實方法教導工程數學的「言語尖酸的隱士」。「黑維塞採用的方法因具實用性而備受工程師重視，但數學家卻對其缺乏嚴謹性而嗤之以鼻。黑維塞本人可沒有閒工夫去賣弄學問——『因為我不懂消化系統，所以我就該拒絕吃下我的晚餐嗎？』」

能力，也能更加瞭解這些決定包含了哪些權衡取捨。本書的目的並非要教導你怎樣成為配對襪子的達人，或是這種大部分的人本身已具備的直覺能力，而是希望能促使你看著鏡子中的自己提問：「沒想到原來我可以用那樣的方式思考**我的襪子**。」演算法思考就如同思辨能力，是一種能改善做事方法的強效工具。

為什麼關注日常任務？

演算法或許很複雜，卻也相當重要，且早已成為人們生活的一部分，只是我們不曉得或並未去多想。有鑑於此，藉由強調那些能作為各種演算法適切範例的生活片段，最後就能學到一體多用的方法。

日常任務與人們息息相關。本書大部分的講解都使用了插圖。利用插圖說明的效用，不僅因為插圖能為原本枯燥的事物增添吸引力，也由於插圖能讓人置身在關聯情境裡，產生出的共鳴感受進而能激發你運用更縝密的推斷力，將新獲得的知識與原有知識連結起來。這也正是類推手法如此有效的原因。

日常任務具有互動性。回顧人類歷史，你會發現許多人們耳熟能詳的偉人都是接受學徒式教育，而不是當一個筆記抄寫員。演算法往往被稱作食譜，但我認為遵循食譜如法炮製，無異於抄寫筆記，既枯燥呆板且機械式。除此之外，在這樣的模式中，你被當作是某種容器，而教導者的工作就是往容器裡傾倒知識。再打個比方吧！這就猶如觀賞一部配有罐頭笑聲的情境喜劇，整個過程都是別人來代表你發出笑聲。本書的每一主題都以日常情境呈現，透過與情境對話互動，促使你建構出屬於自己的理解，進而再以新的思維審視自我人生及日常生活。我相信這樣的互動方式能打造出更具說服力的閱讀歷程，並帶給你更有趣的學習經驗。我個人在童年時期最美好的學習回憶就是與父母或老師的對話問答，那時的他們似乎都明白，過程對於學習的重要性並不亞於智能。

日常任務包含多樣化結果。我很喜歡法蘭西斯・培根說過關於學習的一段話——「次要或附加用處的價值，並不低於主要或預期中的效用。」問題的可能答案不只一個。愈是具有探索性的事物，愈是具有承載多樣結果的包容力。這就好比在科學博物館裡，一對父母走向一處展示裝置，閱讀解說文字後試著向孩子說明這個裝置具有的意義。這當中沒有人真正參與科學家的思索歷程，也沒有人否定科學家的實驗結果，但每一個人在這個過程經驗裡，都獲得了屬於自己的珍貴事物。

DENNET
INTUITION PUMPS
GARDNER
MY BEST MATH PUZZLES
HERRING, A.
MY CERTAIN FATE
MORGAN, P.
HOW TO BECOME A CONTEMPTIBLE HUMAN BEING

1 配對襪子

瑪姬．沃納夫人是從前家世顯赫的一個維也納家族後代，最近卻因為偷偷挾帶健達出奇蛋到美國而遭起訴。目前她在伯恩這座城市裡寄宿幫工，而這也是她有生以來首次親手折疊衣服。瑪姬驚訝地發現，這個接待家庭裡的成員頻頻為了找到一雙成對的襪子而揮汗如雨，過程耗時簡直超乎她的想像。幸好這一家人的腳的大小和偏好的顏色各不相同。

建議：雖然這當中包含了若干任務，但也許我們可以從最根本的任務切入。

你是否想過「**記憶**」這一生物特性對人類有多麼不可或缺？某個人靠在椅背上，闔上雙眼、單手撫著額頭回想一節詩句或一組方程式，或一串電話號碼，這呈現出的樣貌就是典型的人類寫照。試著想像如同癡呆症患者經歷的每一天，缺乏記憶能力的生活會變得多麼艱難。首先，你可能得反覆做許多相同的事情，就像電影《記憶拼圖》（Memento）裡的主角那樣，每天起床睜開眼都得重新讀取所有必須完成的任務訊息。

我在一開始著墨於此的原因是想說明，解決問題的較快方法之所以會快，正巧就是運用了記憶力[1]。去年擊敗了圍棋世界冠軍的人工智慧程式AlphaGo，便是因為具有向職業棋手學習及自學的能力，因而在關鍵技巧上累積了龐大記憶[2]。換言之，我們會在本書裡介紹到許多解決問題的較快方法，雖然做法簡單，但卻較有效率的原因是，它們都具有避免在同一事物上反覆執行相同動作的特質。

還是別操之過急吧！讓我們回到襪子的問題，幫幫那位近來被沒收了巧克力，成為聯邦調查局黑名單的可憐瑪姬。她正面臨在堆積如山的衣物中，找出一雙雙成對襪子的艱鉅任務。我們先關注在此所包含數項任務的其中一項，並想出著手該任務的兩種可能方法。

1 人們有時會將此形容為「以記憶換取時間」。

2 這種稱作深度學習（deep learning）的方法是由多倫多大學於十年前首次提出。

目標：將衣物堆裡的襪子配對成雙。

方法一：拿起單隻襪子後，在衣物堆裡找尋成雙的另外一隻。將配對成功的襪子擺放一旁，再反覆上述動作。

方法二：先將拿起的單隻襪子擺放一旁，再從衣物堆裡拿起另外一隻襪子。若手上的襪子與先前放在一旁的成雙，即完成配對；反之則將它擺入依照顏色或大小分類集結的落單襪子行列裡。[3]

在繼續閱讀之前，我會建議你拿出紙筆、道具或其他便利的物品來逐步理解

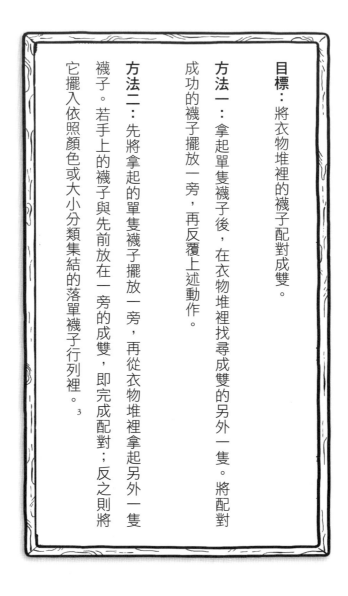

這些場景情境。針對各個步驟和假設，動腦想想達成目標究竟需要哪些要素。在接下來的每一章節，都不妨試著這樣做吧！

假設衣物堆裡只有四雙襪子，那麼瑪姬不管使用哪種方法其實都差不多，而且想必可以迅速完成工作。但想像瑪姬此刻面對的是好幾百雙的襪子；如果她選用第一種方法，那麼她有很高的機率會反覆拿到同一隻襪子，因為她始終沒有把這隻襪子從衣物堆裡取出來。打從她第一次拿到那隻襪子，她就沒有從中擷取到任何訊息。然而，若採用第二種方法，她把尚未配對成功的襪子排列在一旁，因而避免了在衣物堆裡再次拿到同一隻襪子的可能性。因此第二種方法由於依靠記憶，結果較為快速；更確切地說，是因為應用了所謂的**查找表**（lookup table）或

3 請注意，無論是方法一或二，都排除了先把襪子和其他衣物區分開來的做法，理由是我們聚焦在「配對襪子」這一根本任務上。

快取記憶體（cache）。雖然未必需要，但你不妨將查找表視為一批獨特的識別碼（「鍵」〔keys〕），每一識別碼都指向資料的關聯項目（「值」〔values〕），而你就在此當中「查找」鍵值，這種表現形式又稱作**鍵值對**（**key-value pair**）。反觀我們的故事情境，「顏色」或許可以用來代表「鍵」。比方說，當瑪姬拿到一隻紅色的襪子時，她會在那一排尚未配對成功的襪子裡查找「紅色」。當她找到了「紅色」的區塊，她又會進一步去查找額外的識別碼，例如樣式、色調等，再以此作為完成配對任務的基礎。相反地，假如她沒有找到這一區塊，她就會用那隻孤零零的紅色襪子建立一個新的「紅色」類別。

兩種方法的對照，如下圖所示[4]。你發現了嗎？當衣物堆裡的襪子數量增加時，方法一的速度顯然比方法二緩慢許多。處理本書提及日常任務的方法還有很多種，當然不限於文中強調的兩種途徑，之所以特別討論的目的是為了突顯這兩種方法在漸近增長率（**asymptotic rates of growth**）上存在顯著差異，因而省略了執行結果可能落在兩者之間的其他方法。舉例來說，瑪姬也可藉由鴿籠原理（pigeonhole principle），也就是從衣物堆裡一次拿取六隻襪子的方式來完成配對任務。

4　還有其他更入微的方式可以觀察這些成長速率。其一是，某特定方法的增長速率最多會達到怎樣的趨勢，即所謂的「大O符號」（big-o notation），或增長速率至少要達到怎樣的趨勢，即所謂的「大Ω符號」（big-omega notation）。另外一個則是，考慮成長速率是否描述了最好、最差或一般的狀況。我們將會陸續討論到這些不同的情況。

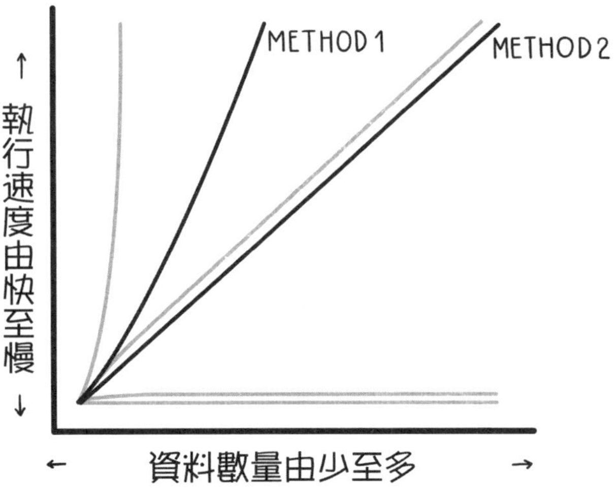

當我們從衣物堆裡拿到某隻襪子時，我們或許可以很快辨認出是否曾見過成雙的另外一隻。大部分人的短期記憶都能不費吹灰之力記住大約六組事物，而這剛好就能在此情境中派上用場。因此當你在衣物堆裡看到和先前放在一旁的相同襪子時，你應該能產生出「哈！這我剛才有看到！」的立即反應。假如你有玩過記憶翻牌的遊戲，你對這種記憶能力發揮的功效和限度應該不陌生。

如果襪子的種類和顏色眾多紛雜，一旁尚未配對成雙的襪子數列就可能因此慢慢增長，致使我們每次從衣物堆裡拿出一隻襪子時，就得要過目一整排落單的襪子。當事物數量龐大時，瀏覽一整排線性事物，亦即**陣列**（**array**）非常耗時，因為你的目標物有可能位在那一陣列的末端，是以你非得要查閱完一整排陣列不可。

一九五三年，任職於ＩＢＭ的數學家路恩（Hans Peter Luhn）想出了另外一種資料結構，有助於改善「陣列查找」所存有費時緩慢的潛在特性。這一資料結構稱之為**相關陣列**（associative array）、**字典**（dictionary）或**雜湊表**（hash table）……再說下去就是在可憐瑪姬的傷口上撒鹽了。雜湊表的運作方式基本上和陣列一模一樣，都是把資料儲存在一串集合裡，除了調換順序（亦即，一大批黑色的襪子之後緊接著少數幾隻紅色的襪子）以便立即查找之外，而這也稱作執行效率為**常數時間**（constant-time）的查找[5]。

名為「常數時間」是因為查找不再受制於陣列的長度，換言之，查找速度與陣列長度無關。雖然此一結論並非屢次應驗，但總八九不離十，而這種始終會有例外的情況在電腦軟體裡經常發生，所以也讓許多研究人員和實務工作者頭痛不

---

5 在此情境裡，瑪姬對於尚未配對成功的襪子要放在哪一個順序位置其實不太在意，她心中掛念的只有仍然落單、被擺放在一旁的襪子。因此次序在此屬於不那麼重要的周邊訊息。

已，說穿了，電腦軟體並不像自然界存有基本法則。在我們的情境中，我們是假設數量不多且互不相同的襪子使得瑪姬的神經突觸（synapses）可以被快速激發，因而能產生立即的反應。

如同我們接下來會看到的，大部分執行效率為常數時間的查找都使用了一組方程式來建構工作任務，是以不須逐步完成任務，也不須**反覆**運算眼前的所有資料項目[6]。以雜湊表來說，這一方程式就稱作**雜湊函數**（hash function），而雜湊函數的職責便是將某資料項目放

入某一資料群，並能在往後快速檢索出這一資料項目。

然而，這些都只是額外補充的知識。我們從本章的故事場景學會的重點在於，善用已知訊息得出的方法會大大提升完成工作的速度。這一觀念在我們的任務是必須反覆執行相同動作時更能帶來莫大幫助。比方說，在商店裡的一盒字母蠟燭中，翻找要裝飾在女兒生日蛋糕上的特定字母；或是當你要洗衣服時，要將白色衣物和其他顏色或特殊材質的衣物區分開來；又或者是在益智競賽中，想盡辦法要在一套散亂的字母裡拼湊出一個字數最長的單字，如同英國電視節目《倒數計時》（Countdown）裡參賽者必須在三十秒內，從眼前的九個字母裡想出可組合成的最長單字那般。

---

6 舉例來說，要得出數量n的所有項目總和，若採用逐一累加的方式，速度會很緩慢，但若利用$n(n+1)/2$此方程式就能加快運算速度。

在上述的各種情況裡，不妨先自問，眼前的任務是否可利用自己或是外在環境的記憶來加快速度。在面對成堆襪子的情境裡，只要持續保有一列尚未配對成功的襪子，你會發現其變化樣態不會超過五種。而就字母蠟燭的情境來說，當你在盒子裡看見所需字母的其中任四個字母時，就可以先將它們挑揀出來，而不是按照順序先找尋「L」，接著再找尋「U」……

在洗衣服的情境裡，你或許可以事先將髒衣服分別放在三個不同的洗衣籃裡，如此就省去了到時得在衣物堆裡翻找檢查的麻煩。至於組合出最長單字的情境，你可以先找出乍看之下能拼湊出的任一單字，再想想是否能藉由時態變化或複數型式等，將單字的長度拉長。在這種情況中，你一開始選擇的字母組合就是隨後所造出字詞的前綴（因此發揮了記憶的作用）。有一種稱之為**字典樹**（trie）的有趣樹狀結構就是以此種方式運作。字典樹可以探查出字詞或數字共有的前綴，再利用這項已知訊息讓拼字檢查，或你可能會在搜尋框裡輸入字詞的自動完成等變得更加快速。

是不是很好玩呢？
只要動動腦，就能把平凡單調的工作變得趣味無窮！

2 找到屬於自己的衣服尺寸

這天是聖誕節翌日。在蘇格蘭因弗內斯（Inverness）從事護理工作的艾培・湯亞姆早已跟著大批人群駐守在百貨公司外，摩拳擦掌準備迎接今年的節禮日（Boxing Day）折扣。艾培穿的衣服尺寸是大眾尺碼，因此她誠心祈禱自己是第一個走進店裡的客人，如此才有機會買到尺寸剛好的衣服。她的手腳得夠快才行。這樣的激戰場面往往會失控，像去年就有十五個人因為推擠而受傷，最後甚至還出動了鎮暴警察才稍稍平息混亂。艾培究竟該怎麼做，才能比別人搶先一步拿到自己想要的衣服尺寸呢？

建議：試著將這一情境誇張想像。如果這間商店的衣杆長度，簡直像貫穿了店頭店尾那般一望無際，那該怎麼辦呢？

如果我們想在一列物品裡找尋某一品項，就勢必要翻遍所有項目，才能找到目標物品嗎？換句話說，假設眼前有一百件物品，我們就得瀏覽完那一百件物品，也就是要採取執行效率為**線性時間**（linear time）的查找方式嗎？一般而言，線性函數是指，若我們在一百件物品裡找尋某一物品需花費一分鐘，那麼依此推測，在兩百件物品裡找尋某樣物品，就要耗費兩分鐘。照常理而論，的確如此，但集合資料（collection）也具有某種特殊性，亦即被排序的特性，因而可使我們在執行效率為**對數**（logarithmic）時間內找到某一資料。換言之，找尋步驟大約為七次，而不再是一百次。試回想，對數與指數（exponent）恰好互為反函數。在撰寫電腦程式時，我們假設對數的底數為二，因此一百的對數即為 $\log_2 100$，運算結果約為七。完成任務所需花費的時間從線性轉變為對數，這之間大幅提升的效率正說明了對數在探討成長率上是極其重要的概念，是以在往後的章節裡，我們還會再反覆提及。

讓我們先想像故事的女主角艾培踏進店內那一刻的模樣吧！她的臉上閃耀著光輝，垂掛在肩膀上的蘇格蘭紋披巾隨風飄揚，彷彿在身後捲起一朵朵浪花。她發自心底湧出的戰吼聲，化作一顆顆子彈從齒縫間呼嘯而出，掃射整家店的牆面，背水一戰取得的戰果，足以留供後代子孫景仰憑弔。她整個早晨無時無刻都在對自己信心喊話！

目標：在特定的一排衣架上，找到尺寸剛好的衣服。

方法一：從衣架的一端開始翻找到另一端。

方法二：先從衣架接近中間位置的某處開始找起。若掛在中間區段的衣服為較大尺寸，就改往左邊尋找。反之若為較小尺寸，則移往右邊尋找。依此類推。

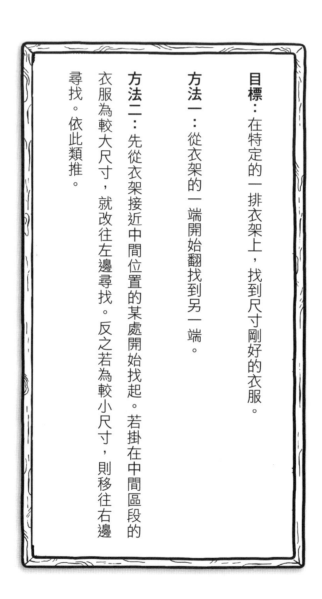

兩種方法的比較結果，如下圖所示。你注意到了嗎？當衣架上的衣服數量增加時，方法一的速度顯然比方法二慢。

你或許猜到了，方法二運用了兩道解題認知。第一，衣架上的衣服通常會依照尺寸排列。其次，由於艾培要找的是大眾尺碼，亦即平均尺碼，所以通常會被擺放在衣架的中央區塊。利用這一直覺能力不僅使她選擇從中間位置開始找起，隨後也能往左或往右跳躍尋找，是以每次都使那一列集合物件的搜尋數量縮減一半，而這正是執行效率為**對數時間**（logarithmic-

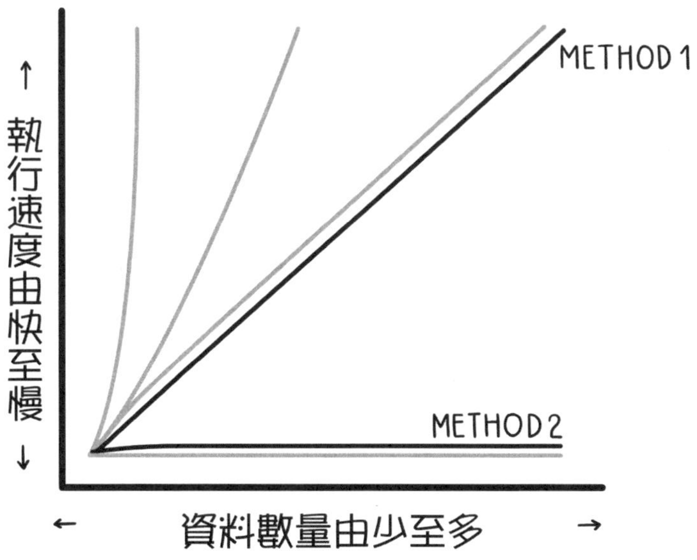

time）之演算法的鮮明特徵[1]。你可以運用相同的直覺力在一本字典裡查找某個單字，或在電話簿裡找尋某個人的名字，或在書籍的索引中搜尋某一主題，又或者是在閱讀一本冗長小說的過程中不小心墜入夢鄉，隔天想要找回停頓的段落。簡單來說，我們可將這種方法形容為某種訊息拋棄。

我們在「對數」概念裡最能切身感受到的一點，就是它的增長速度緩慢，誠如先前的比較圖所示。

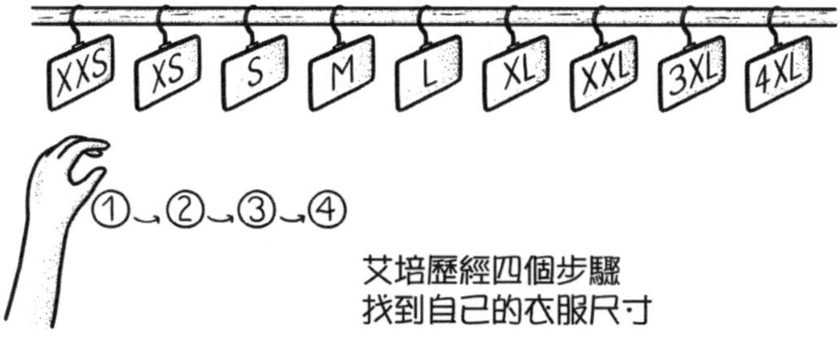

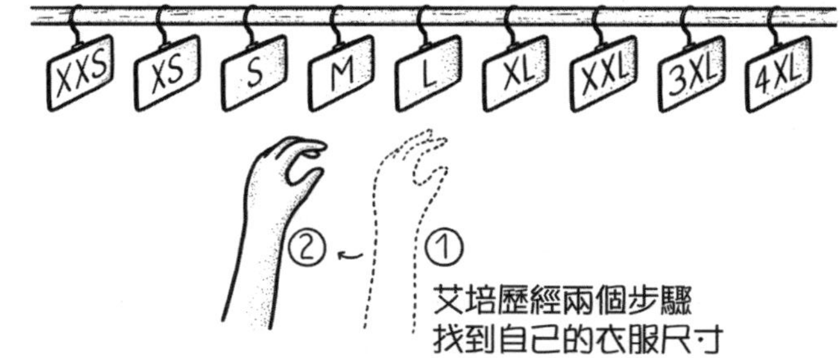

人們都偏好增長速度緩慢的解決問題方式，因為這代表這一方法不會那麼容易受到眼前處理事物的數量變化而有所影響。在我們的情境裡，艾培在一排掛滿一百件衣服的

1 反過來說，將某一數字從一倍開始，持續加乘到n倍的過程也同樣是對數的概念。在這一概念下，我們最多只需執行運算「log n」次，就能得出n的數值。舉例來說，如果從一塊錢開始儲蓄，往後每年都存入加倍的金額，那麼得經過多少年，才能存到一百萬呢？我們可以選擇用土法煉鋼的方式計算，抑或是以「$\log_2 1000000$」表示，得出結果約為一九·九三年。

衣架上，只需經過七次以內的步驟就能找到尺寸剛好的衣服，又假設是在一排掛有一千件衣服的衣架上，也只要花費約十次的找尋過程，說起來也不算太麻煩。這一在有序的集合資料裡，以執行效率為對數時間成長展開搜尋的方法又稱作**二分搜尋法**（**binary search**）。二分搜尋法會比另外一種稱作**線性搜尋**（**linear search**）的方法（方法一）更有效率，且想必能讓艾培在這次折扣活動裡滿載而歸。

巧克力
蘋果
果汁
待補貨的食物

3 到雜貨店採買

伊恩．帕托斯是一位居住在倫敦東部的語言學退休教授。他在幾年前不小心摔倒導致背部患有隱疾，再加上他害怕鄰居養的那條狗，因此非常不喜歡出門。唉，可是為了溫飽肚子，他得時不時就外出採買食物。倫敦是這樣一座經常下雨的城市，伊恩有千萬個不想出門的理由，現在又增添了一項不喜歡被雨水濺濕。他究竟該怎麼做，才能在不至於餓肚子的前提下，縮減在一星期內外出採買的次數呢？

在英國雙人喜劇拍檔「兩個羅尼」（The Two Ronnies）所主演的長青幽默短劇中，有一經典橋段[1]是描繪一位顧客走進了一間五金行，接著向店老闆唸出手中購物清單的品項。然而，老闆並沒有等客人先把清單上的所有項目一次唸完，而是對方指名一樣物品，就隨即動身去拿取，結果把自己搞得團團轉。

請先記住這一橋段，我們稍後會再討論。先讓我們回過頭，想想情境裡的主人公伊恩可以如何決定自己要前往雜貨店採買的頻率次數。

目標：盡可能減少在一星期內前往雜貨店採買的次數。

方法一：發現某項食物吃完之後，即前往雜貨店購買。

方法二：將吃完的食物項目持續記錄成清單。當清單數量累積到一定程度時，或者是具有滋潤心靈或犒賞作用的重要物（例如，KIT KAT巧克力[2]）吃光的時候，就動身前往雜貨店購買。

---

1 可至以下連結觀賞bookofbadchoices.com/links/ronnies。我們提及的劇情連續片段約出現在影片的中段。

2 該名稱也可改為其他的產品置入。

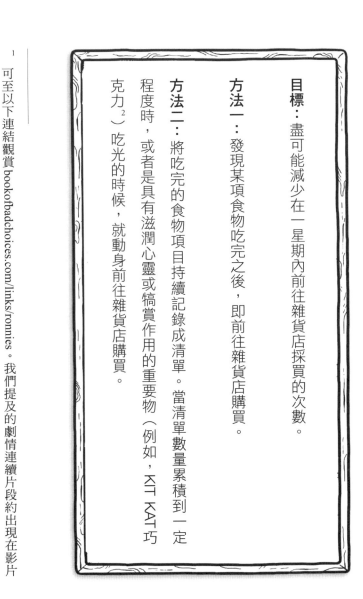

以下是我們已見過數次的兩種方法比較圖。

對於這一情境任務的解說，基本上就是「避免做重複的事務」。同理可證的情況還有像是：被交代要在十份不同文件上打孔的秘書，會選擇把所有文件先收攏整齊，然後一口氣打孔完畢，而不會一次只做一份。或是你在洗碗時，會先用洗碗精刷洗所有的髒碗盤，然後再以清水洗淨，而不會每刷洗一個碗盤就緊

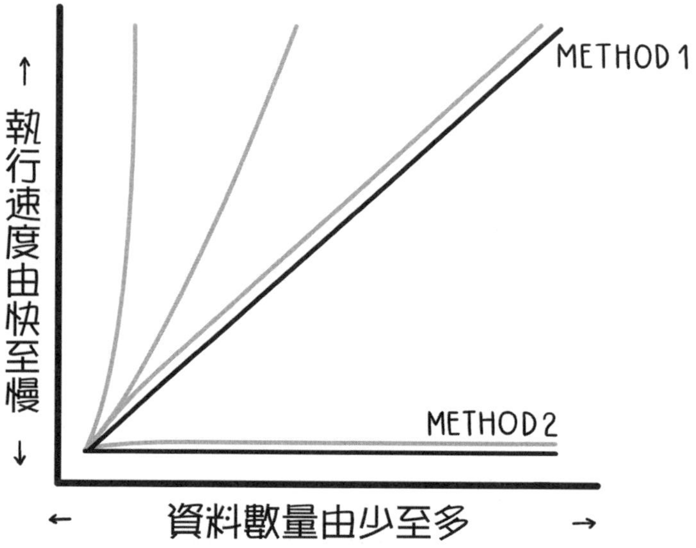

接著用水沖洗。或是你要將洋蔥切丁的時候，會先縱向切完再橫向切。又或者是在新式高樓建築裡的電梯，會裝設所謂的「目的層控制系統」，把要前往相同樓層的乘客聚集在同一部電梯裡。除此之外，你還可以從另一個更細微的觀察角度來看伊恩的故事情境，那就是誘發他動身前往雜貨店的主要因素為何？稍後我們會針對這一問題仔細探討。

在電腦運算中，資料集合的儲存方式有許多種。我們在不久前認識了最基本的一種，也就是一排未配對成功的襪子**陣列**（array）。接著在第二章場景裡，我們瞭解到陣列資料藉由分類排序，就能大幅提升搜尋能力。不妨回想衣架上按照尺碼排列的那一排衣服，這就是這些被稱作**資料結構**（data structures）或**抽象資料型態**（**abstract data types**）所發揮的基本功用。它將我們重視的一項或多項特性極大化，且通常會因此捨棄掉我們不那麼在乎的特性。從更廣泛的層面來說，某些特性就是無法相容並存。例如，安全性和易用性（usability）——某個應用軟體會在你每次點擊按鈕時，都要求你輸入密碼，這的確具有較高的安全性，但易用性也相對降低了。

接下來要介紹一個與本章情境切合，稱作**堆疊**（stack）的資料結構。正如其名稱所隱含的意義，「堆疊」將我們只在乎最上方資料的特性極大化，而不去管下方有多少項目。所以說，當你走進咖啡店看見一疊報紙時，你的視線大概只會掃過放在最上面的那一份，因為不須逐一翻找，你就知道擺在最上面的是當天的報紙，而你只是想看一眼今日頭版標題是什麼。在堆疊的資料結構中也是如此，我們最想**檢視**（peek）的是頂端的項目[3]。

就伊恩的情況而言，他的認知堆疊是由吃光的食物品項所組成。每當他把Kit Kat巧克力**推入**（push）到堆疊的頂端時，他就會一心掛記著要前往商店把堆疊的品項**取出**（pop），亦即反覆移除放在最上面的項目，直到堆疊空無一物為止。換言之，Kit Kat巧克力是清空堆疊的主要誘因。在Kit Kat巧克力被放進堆疊之前，他可以安然將其他吃光的食物品項暫時埋藏在堆疊裡，毫無掛念地繼續生活。反觀「兩個羅尼」的短劇情境也存在相同的道理，如果五金行老闆可以針對各排貨架建立出認知堆疊，他就不必反覆在梯子間爬上爬下，搞得自己折騰不已。客人會一口氣唸完整份清單的品項，而老闆只須依循堆疊行動，即在繞經各排貨架的過程中，依次在每一排貨架的堆疊結構裡取出客人需要的物品。

艾倫·圖靈（Alan Turing）在一九四六年完成了一篇研究報告，以「埋藏」（burying）二字來介紹堆疊概念。誠如安德魯·霍奇斯（Andrew Hodges）撰寫

---

3 這一用語為堆疊運算中的實際名稱。此外正如你猜想的，堆疊運算的執行效率為常數時間。

的《圖靈傳》所述，這一概念對數學家馮紐曼來說是前所未聞。以下是該研究報告的簡短節錄：

要如何埋藏及探勘返回位址（note）？達成的方法當然有許多種。其中一種就是將這串返回位址與最後放入的資料，一起記錄在一個或多個標準大小（1024）的延遲線裡。最後放入的資料位址將被儲存在固定的暫存記憶體中，且每當副程式開始執行或完成執行後，這一索引指標就會跟著變動。

閱讀這些文獻，對於現今我們認為是直覺般的概念是如何從過去演進傳承至今，總會令人油然升起謙卑之情。我們也從中瞭解到，那些概念唯有歷經人們極力闡述說明後，才能漸漸奠定不辯自明的地位。關於描述此一感想的另類觀點，不妨參考以詹姆斯．弗林（Jim Flynn）命名的「弗林效應」（Flynn effect），其認為人類變得愈來愈聰明，部分原因是人們的理解智能持續成熟發展且愈來愈複雜，是以新一代人類的大腦先天具備了比前人更優越的直覺能力。無論如何，閱讀古文本總是讓人樂此不疲，因為我們能由此探看從古至今一路走來的進程。猶記我曾讀過神學家伊拉斯謨（Desiderius Erasmus）於一五三〇年出版的《兒童良好教養手冊》（*Handbook on Good Manners for Children*），書裡教導人們的觀念，諸如「千萬不要讓鼻孔流淌著兩行鼻涕，那會讓你看起來跟邋遢鬼沒兩樣。蘇格拉底就是因為這種壞習慣才惹人詬病。」就生活在二十一世紀的讀者看來，這一教誨理所當然到讓人啼笑皆非，但在那時的環境背景裡卻是新穎的觀念。

艾倫·圖靈談到了副程式操作指令，不禁讓我想起堆疊的資料結構還可以用在另一個現實情境上。假想郵差先生隔天早晨送信到伊恩的家，卻始終不願直視伊恩的雙眸。一串淚珠從郵差先生的臉頰上滑落，他的雙唇甚至還微微顫抖著。

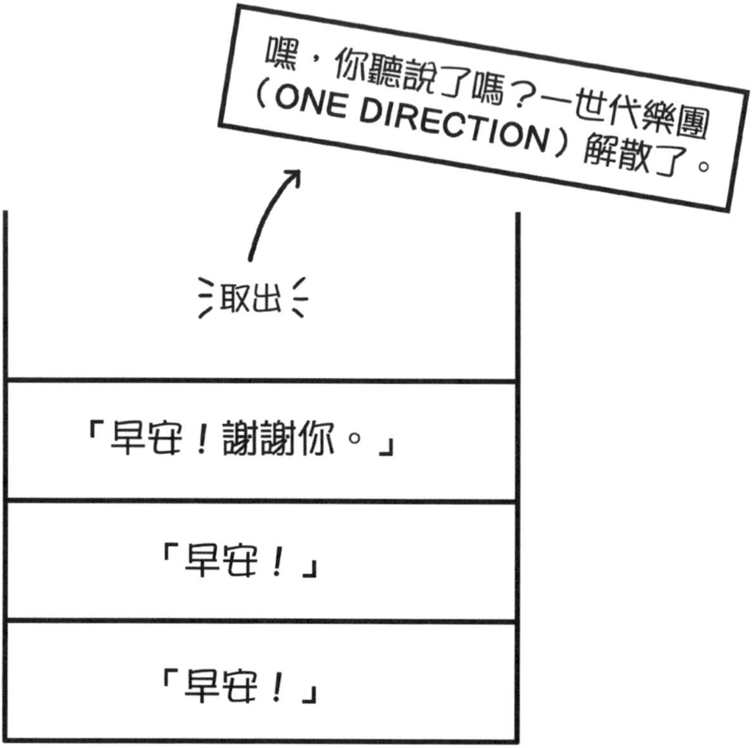

與郵差先生的互動

「不好意思，請問我做了什麼事情讓你不開心嗎？」

「坦白說是的。嗯，沒錯。都是你害的。」郵差先生回答道。目光凝視著遠方的地平線。

伊恩試圖想起自己究竟在何處冒犯了郵差，其回想的方法就近似於從堆疊裡取出資料。這裡所指的堆疊，也就是他在腦中建立的「郵差先生」資料結構。這一舉例之所以合適，是因為伊恩最後一次與郵差先生互動的過程，相較於他們倒數第二次的來往更有可能是引發郵差先生不悅的罪魁禍首，而倒數第二次的互動又比倒數第三次更有可能是問題的起因。

日常生活裡還有什麼事物也是以類似堆疊的方式運作呢？不妨看看網際網路的例子。每當你點擊一個連結，便是將該網站放入到堆疊的頂端，而每當你回到上一個連結時，就是將那一網站從堆疊的頂端取出。你並不在意自己瀏覽的網站總數，只要可以順利回到上一頁，再從這一網站回到上上一個網站就好。

至於伊恩，我們希望他能利用自己的認知堆疊與郵差先生言歸於好，也能更善於規劃何時要前往雜貨店採買。

4 帶他回家

艾奧尼斯先生在自家裁縫店裡迷路了。說來諷刺，但他在雅典這座城市裡可是以高超的裁縫技藝聞名，更有百寶收藏庫的封號。他的裁縫店占地廣闊，不過大部分的空間都未好好利用，因而讓物品的擺置看來更雜亂無章。然而，為了放置不斷增加的收藏物品，過去三十年來他陸續建造了更多的走道和陳列架，如今整家店已無一片閒置之地。此刻，他就身陷在這宛如複雜迷宮裡的某處，被一排排綿延無盡的線捲和故障的裁縫機包圍著。他到底該如何找到出路呢？還是他注定要坐困在這座自己親手打造的迷宮之中?

希臘神話記載著，當牛頭人身的怪物米諾陶（Minotaur）誕生時，偉大的建築師代達羅斯（Daedalus）受命建造了一座迷宮安置這隻殘忍凶暴的生物。

「一旦置身這座迷宮，人們將永無止盡行走在曲折蜿蜒的小徑上，永遠找不到出口。獻祭給米諾陶的雅典年輕男女被留置在這座迷宮後，根本無法可逃。」

原本將成為米諾陶盤中之物的青年賽修斯（Theseus）受幸運之神眷顧——國王的女兒亞莉雅德妮（Ariadne）愛上了他，並想出了幫助他脫逃迷宮的計劃。

「公主求助建築師代達羅斯，懇請他指點逃離這座迷宮的方法。公主也告訴賽修斯，只要他承諾帶她回雅典，並娶她為妻，就絕對有辦法讓他逃離迷宮。公主依循建築師透露的線索，在賽修斯出發時交給他一綑線球，且叮囑他在走入迷宮之前先把一端線頭綁在門口，前進時再一路鬆開線球，如此一來就能隨時沿原路回到入口。勇敢無懼的賽修斯踏入了迷宮尋找牛頭怪的身影，碰巧遇見了正酣睡如泥的米諾陶，於是趁機將他牢牢壓制在地，用拳頭將這隻怪物活活打死。」

請記住這一故事片段，我們很快會再說明。先讓我們描述艾奧尼斯先生能夠順利走回裁縫店正門口的三種方法吧！

目標：回到裁縫店的正門口。

方法一：沿著走道前進，隨興轉彎，直到找到出口為止。

方法二：右手扶著牆壁，沿牆面行走。自始至終都只朝右手貼著的牆面移動。

方法三：從陳列架上拿起一綑線球，接著在行走的過程中，一邊鬆開線球。若走到了死胡同，或者是碰到先前佈下的線，就掉頭回到上一個轉彎路口，改走另外一條走道。

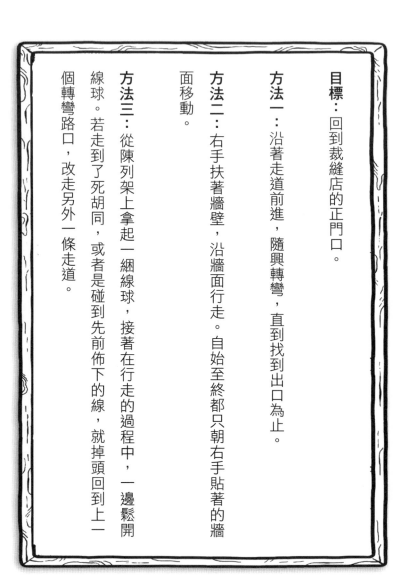

方法一是模擬老鼠如何在迷宮中繞行。老鼠並沒有發達的認知能力，僅僅是隨意亂竄直到偶然發現一塊乳酪為止。事實上，這一方法有時又稱作**老鼠走迷宮**（random mouse）演算法。可想而知，達成目標的速度會很緩慢。

方法二雖然也沒多高明，但比方法一更顯別出心裁。在此，艾奧尼斯先生以單手沿著牆面前進，最終返回到裁縫店的正門口。為什麼這一方法管用呢？答案就在於，若將迷宮的牆壁重新組構，你會發現迷宮其實可以被拉成一條筆直的線。因此

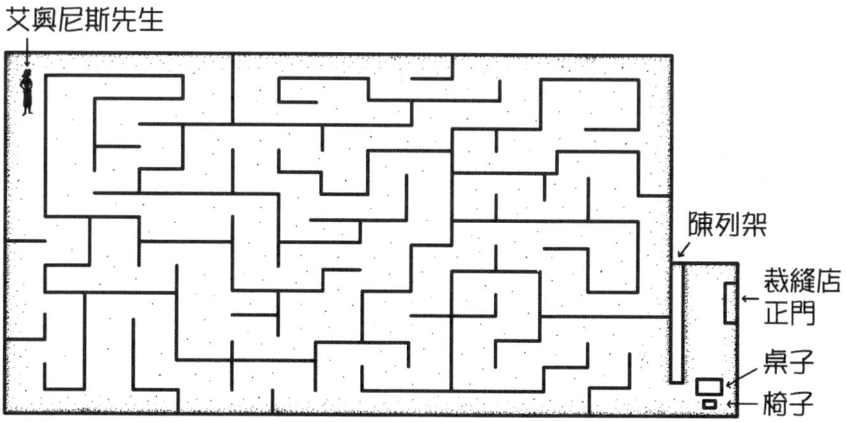

說到底，你可將迷宮看作是一根繩子，只要從繩子的一端出發，必然將抵達繩子的另外一端[1]。

雖然比方法一來得快速，但方法二面臨的主要問題是，假如迷宮裡存有所謂的孤島（islands）或迴圈（loops），這一方法就難以奏效了。上述狀況即指迷宮內部的牆壁，並未與外圍邊線直接或間接相連。一八二〇年代，身為數學家的第四任斯坦霍普伯爵（Earl Stanhope）在英國肯特郡的志奮領（Chevening）鄉間別墅建造了史上第一座含有迴圈的花園迷宮。這座花園迷宮是根據第二任斯坦霍普伯爵的設計藍圖建構而成，其目的就是要創造出一個無法利用諸如方

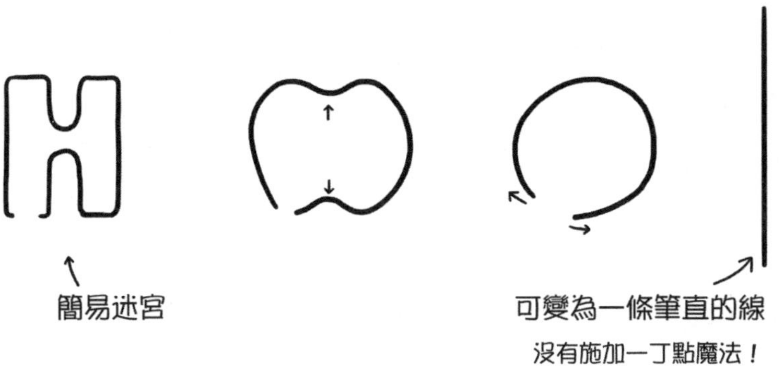
可變為一條筆直的線
沒有施加一丁點魔法！
簡易迷宮

法二的方式找到出口的迷宮。迷宮內設置的迴圈，樣貌如下圖所示。

是以面對這類的迷宮，這種稱作**沿壁法**（**wall follower**）或**右手定則**（**right-hand rule**）[2]的逃脫方式就無法讓人如願以償了。

請容我稍稍岔開話題。關於查爾斯·達爾文，讓人津津樂道的事蹟之一就是他耗費近二十

1 該解說圖片的繪製靈感來自傑米斯·巴克（Jamis Buck）的插畫。詳細內容請參見本書末尾的延伸閱讀。

2 反之若用左手依循牆面前進，則稱為左手定則（left-hand rule）。

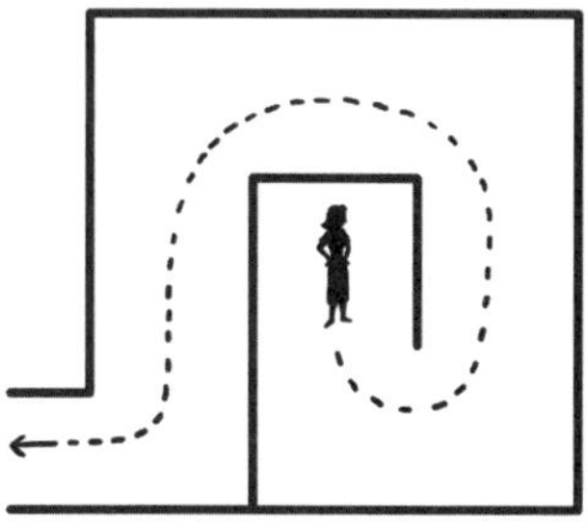

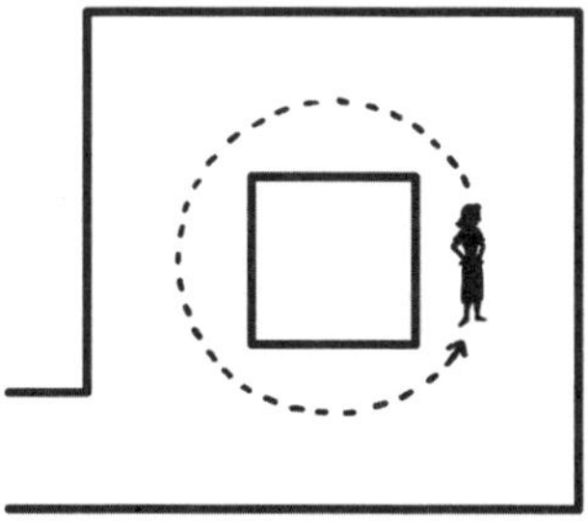

年時間，探查了演化論所有可能的反面論證，最後才出版了《物種起源》一書。我常常把這種在龐大理論中摸索前進的過程想像成是走迷宮。在這之中，沿途出現的岔路像是各種命題[3]，掉入死胡同則好比意識到該論證並不成立，而找到迷宮的出口，則相當於發現某一論證的結論在邏輯上與前提一脈相承。這種在論證與反論證之間探索到底的認知方法，其實也能套用在走出一座貨真價實的迷宮。而這種方法正如希臘神話裡亞莉雅德妮公主交給賽修斯的那綑線球，即方法三所使用的途徑。

艾奧尼斯先生在方法三裡利用了**回溯法**（backtracking），亦即每當他走進死胡同時，都能循著細線原路折返，然後再改走另一條路[4]。有辦法回到岔路口，改而嘗試另一條更有望脫身的路徑，那麼他最後一定可以找到出口。此種解開迷宮的策略叫作「*Trémaux* **繩索探索法**」（**Trémaux's algorithm**），出自法國數學家愛德華・盧卡斯（Edouard Lucas）於一八八二年出版的《趣味數學》

（*Récréations Mathématiques*）一書。近期的研究結果似乎也認為其他的生物（即螞蟻）也會利用回溯方法找回中斷的路線。整體而言，這種方法不僅比方法一快，更能對付方法二束手無策的迴圈問題。

請特別注意，在此討論的三種方法能發揮效用的前提背景是，我們一心渴望從不知不覺陷入的迷宮之中找到出口。雖然還有其他更快速脫離迷宮的方法，但先決條件是必須事先知道迷宮的整體模樣才行。因此在此提及的方法未必是走出迷宮的捷徑。

---

3 論證（argument）是由稱作命題（propositions）的一組陳述句（statements）所構成，而每一命題非真即假。

4 同理，他也可以利用粉筆或是零碎的布料在交叉路口做記號。

現今你不須真正困陷在羅馬的地下墓穴，或揣想自己是史蒂芬・金筆下的某個不幸人物，也能實際用上這些脫離迷宮的技巧。全世界共有幾十座真實的迷宮，有些甚至超過好幾英里的範圍，在此學到的解法就能在那兒派上用場。廣義而言，就如走迷宮般，從某個受限環境裡的一點到達另一點的觀念相當重要。「網絡」（network）或「圖」（graph）——把岔路和通道替換成頂點（vertices）和邊（edges）的迷宮另類說法——是人們當今所使用及倚賴的眾多應用程式的核心所在。掌握街道連結樣貌的應用程式，例如，開放街圖（OpenStreetMap），能提供你從自家公寓駛往海灘的最佳路徑。掌握人、事、地之間連結關係的網站，比方說Google知識結構圖（Knowledge Graph），能呈現出更完整的搜尋結果。掌握人們好友名單的社交網站，像是Facebook或LinkedIn，能更精確猜測其他你可能會想認識的人。又或者是掌握組合元件和模組之間相互關係的軟體系統，比方說Firefox，能根據模式和關聯密度更有效預測未來可能會引發的缺失所在。

甚至是掃地機器人也能作為一個很好的例子。事實證明，並非每一款掃地機器人都大同小異，因為就清掃路徑而言，有些掃地機器人確實較顯拙劣。陽春型的掃地機器人會亂無章法依循任意直線前進，或者鬼打牆似的兜圈，反觀較先進的掃地機器人，則會先建構出房間地圖，確定牆面和每一角落的位置，接著再以方格狀的清掃路線自房間的一端來回移動到另一端。換言之，當掃地機器人掌握了從房間的某一區塊到達另一區塊的最佳路徑時，就能更專注於目標的達成，進而帶來更讓人滿意的清掃結果[5]。

---

[5] 在二〇一六年三月號的《烹飪畫報》（*Cook's Illustrated*）雜誌裡，有一篇專題報導利用長時間曝光的拍攝手法捕捉不同的掃地機器人在實際運作中的畫面，呈現出各種清掃路徑的精彩比較。

至於艾奧尼斯先生，無論他最後選用哪一種方法，只要能保持理智，這次他想必可以順利找到出路。但假使他的收藏物品持續增加，且店面規模也愈來愈龐大，那麼他就得在口袋裡隨身攜帶一綑線球以防萬一了。

5 整理郵件

郵差先生查理・麥格納今天的送信進度已經比預定時間慢了。南非開普敦時值二月盛夏，此刻氣溫飆升至攝氏四十五度。更糟的是，查理竟粗大大意撞翻郵件盒，把裡頭原本按照順序排列，要依序投遞到三十三處地址的信件全都混在一起了。此外他患有光敏性皮膚炎[1]，今天卻忘了帶防曬乳出門，簡直是屋漏偏逢

1 譯註：對紫外線過敏的疾病。

連夜雨！現在他跪在滾燙的石子路上撿拾散落一地的信件，竭盡全力在肌膚受損之前，盡快把信件重新排序整齊。

建議：試想如何把一個問題分解成較小的問題。

「順序」有助於人們以更快的速度處理事務。想像一下，如果報紙刊登的社區活動列表沒有依據舉辦日期排序，或者是你打算一口氣看完的某部影集沒有按照集數列出，那會是什麼模樣呢？你還得花時間搜尋下一集影片的連結位置，那有多麼惱人啊！浪費掉的時間原本可以用來觀賞劇中倒楣的毒販才剛完成交易，下一秒卻被殘酷世界反擊一拳的精彩劇情。

先讓我們回過頭想想郵差先生查理能如何處理當下的困境吧！

目標：將散落一地的郵件按照正確順序重新排列。

方法一：先將散落在地的其中一捆信件擺放眼前，接著再拿起第二捆信件，若送件地址比第一捆信件還來得近，就放到第一捆信件的左邊。依此類推，直到距離此處最近的信件被擺放到最左邊，最遠的則在最右邊為止。

方法二：先把散落一地的信件排成一列，再把那一列信件劃分為兩兩一組，接著將每組信件調整成距離較近的放在左邊，較遠的則放在右邊。

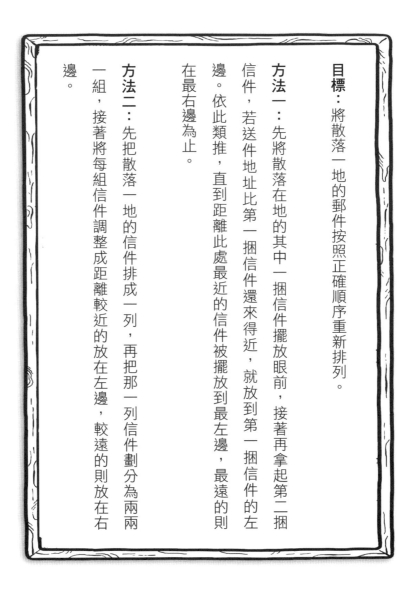

兩種方法的對照圖，如下所示。

在現實生活中，每當人們面對如同查理的情境，即要把眾多項目整理成序時，通常都會選擇類似方法一的做法。根據至今所見到的方法對照圖，我們似乎可以得出一條通則，那就是在處理項目不多的情況下，採用哪種方法或許都差不了多少；唯有當項目數量逐漸增加之際，某一方法才會明顯優於另一種方法。雖然方法二在現實生活裡（或至少在排序法上）未必具有實際的推論[2]，但我們仍將

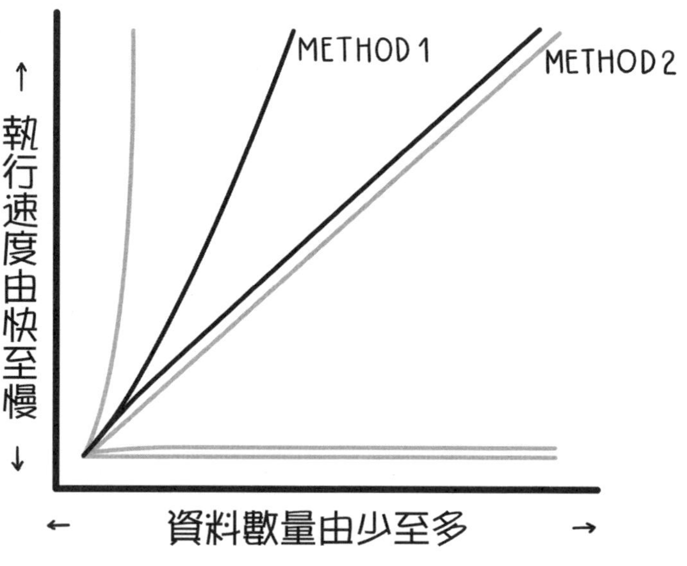

從概念上探討其一般性的處理方法[3]。

首先，請感受方法一的執行過程具有某種韻律感。查理拿起一捆信件，然後藉由查看其他信封上的地址來判定那一捆信件的擺放位置。還記得嗎？我們之前曾見過相同的手法。沒錯，就是瑪姬女士處理一堆襪子的情境。不過兩者之間存有一點很大的不同：查理每排序一捆信件，只須將其他信封上的地址瀏覽一遍即可，而瑪姬想要在衣物堆裡搜尋成對的另一隻襪子，就可能得耗掉大把時間。

查理使用的方法一，即是典型的**平方時間**（quadratic-time）演算法[4]。每當

---

2 譯註：推論（corollary）是由定理立即可推知的結果。

3 並非萬事萬物都能用類推手法如實解釋，且也不該全都藉由類推來說明。

4 理由是，排序信件所需花費的時間會隨著信件數量以n^2倍成長。換句話說，處理十封信件需花費的時間級數為一百（十的二次方），一萬（一百的二次方）則是處理一百封信件的時間級數，依此類推。

你在一串項目集合裡執行搜尋，且無論這些項目的種類相同與否，只要是歷經了在整串集合裡找出各個項目位置的過程，即符合平方時間演算法的特徵。平方時間演算法的其他例子還有像是，在一堆衣物中逐一翻看，找出與衣櫃裡的某條長褲搭配的襯衫，或是在商店裡一面檢視採買清單，一面搜尋貨架上是否有你需要的物品等。

在電腦運算中，將項目排序的許多簡易方法都是以平方時間執行，因為正如同查理使用的方法一，這些方法的運作方式都是利用比較相鄰項目，再依據判定大小來完成位置調換。

我們甚至可以篤定地說，依循這一模式（亦即，比較相鄰項目）的所有排序法都是以平方時間（n^2）執行。換個說法，若n代表信件數量，那麼藉由比較相鄰信封，把散落一地的郵件放回正確位置的函數，可形容為「以n^2為下界」（bounded below by n^2），意思是就平均狀況（此為關鍵字）而言，執行效率不會比下界的值還快。其具有代表性的演算法包括**插入排序法**（insertion sort）、**選擇排序法**（selection sort）及**氣泡排序法**（bubble sort）。

我第一次學習排序法是在十六歲的時候，還記得一開始還弄不太明白——怎麼會有比平方時間更好的方法呢？然而，從方法一與方法二的比較圖可知，後者顯然快於前者，因此確實存在某種次平方時間（subquadratic time）的排序方法。

一般以次平方時間排序的方法都採用了所謂切割與征服（dividing and conquering）的策略，意指把一個項目集合先分解成較小的集合，再針對小集合排序[5]。將項目集合切半為取對數（第二章提到的概念），而把項目重新組合的執行效率為線性成長，理由是我們會檢視一次所有的項目。因此，這種排序手法需花費的時間就稱為**線性對數**（linearithmic），而你不妨將此看作是比對數時間快得多，但又比線性時間稍微慢一點[6]的方法。這一名稱也可以反過來稱作**對數線性**（log-linear），或純粹用「**n log n**」表示——分割集合（log n）後再重新組合（n），最後完成排序的所需時間為兩者乘積「**n log n**」。線性對數是結合了『線性』與『對數』，進而產生出一種比原本單純的樣式多了些複雜意味的概念，雙面出擊的形象就猶如愛爾蘭的雙胞胎歌手「傑德沃德」（**Jedward**）那般。

具有代表性的線性對數演算法有兩種。其一為馮・諾伊曼於一九四五年提出的**合併排序法**（mergesort），另一則是東尼・霍爾（Tony Hoare）在一九五九年首創的**快速排序法**（quicksort）。查理使用的方法二就類似於合併排序法；其分割步驟是把一組信件拆解成獨立元素，而重組步驟則是比較大小再合併。經過第一輪重組後，會有兩捆信件完成排序，繼續執行第二輪重組，則會得出四捆按順序排列的信件，依此類推。查理的排序過程，如下頁圖所示。

請注意查理從步驟一（未排序的信件）進行到步驟二（已排序，儘管完成數量只有一捆）的過程。在接下來的各個步驟中，他進一步合併信件，使得排序好的信件數量漸漸增加，直到眼前呈現出一組全數完成排序的信件為止。我們不妨細究其中一個步驟，以步驟四為例，來瞭解合併的實際操作過程。

---

5 這個過程間接涉及到遞迴（recursion）概念——雖然我們不會在本書深入探討到，但強力建議你閱讀此概念的相關知識。

6 不妨藉此回想增長速度緩慢的演算法。

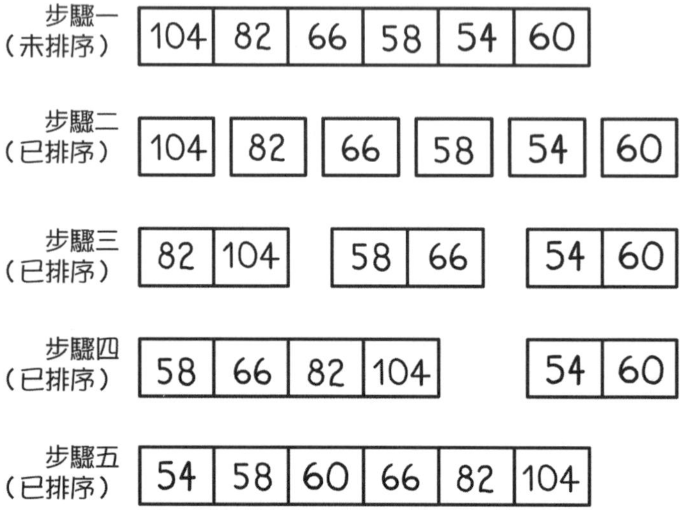
步驟一
（未排序）
104 82 66 58 54 60
步驟二
（已排序）
104 82 66 58 54 60
步驟三
（已排序）
82 104 58 66 54 60
步驟四
（已排序）
58 66 82 104 54 60
步驟五
（已排序）
54 58 60 66 82 104

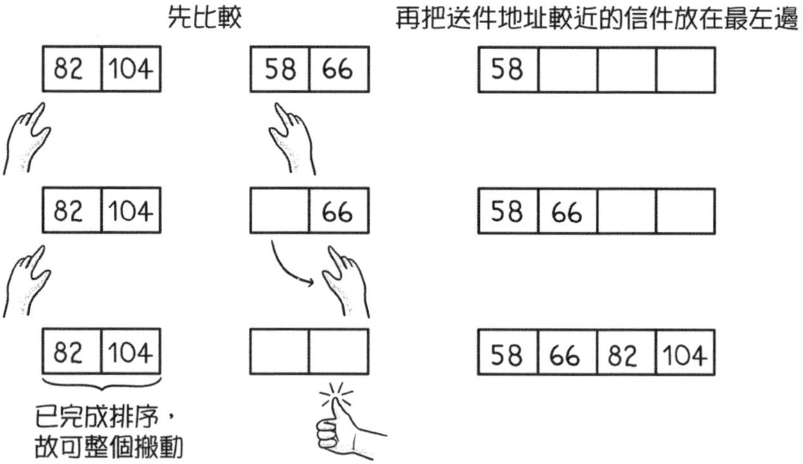
先比較
再把送件地址較近的信件放在最左邊
82 104
58 66
58
82 104
66
58 66
82 104
58 66 82 104
已完成排序，
故可整個搬動

由於方法二能提升執行速度，所以優於方法一。但就查理的情況來說，幸好他只需排列三十三捆郵件，因此不管選用哪一種方法，大概都可讓他免於承受皮膚發炎半個月的苦難。但假使要排序的信件數量不計其數，那麼方法二的高效率更顯昭然若揭，而查理肯定能從中獲得莫大幫助。現在，他要趕緊出發去完成送信任務囉！

查理在繼續完成送信任務的路途中，一想到今天學到了新知識就感到滿心喜悅。「不平凡的智慧真是無所不在。有時甚至在最意想不到之處，也能綻放出令人讚嘆的知識！」他喃喃自語的說。

「甭客氣！」——東尼·霍爾，
快速排序法的提出者。

6 音樂達人養成之路

福伊先生最近剛搬到艾許蘭（Ashland）這座華美精緻的城市居住。他總是精心保養臉上的山羊鬍，到公眾場合也堅持在腋下夾著一本《紐約客》雜誌——噢，不過他從未閱讀裡頭的內容，只是每次到咖啡店或餐廳用餐時，他就是喜歡把這本雜誌率性瀟灑地攤在自己面前。儘管如此，在這座新移居的城市裡，他仍像是個格格不入的外來者。面對任何開放式的問題，他的那句機智應答「我可以告訴你，詩人米爾頓不會太滿意。」開始讓旁人覺得了無新意。「福伊，你對挪威作家卡爾・奧韋・克瑙斯加德（Karl Ove Knausgaard）的新書有什麼看法？」「我可以告訴你，詩人米爾頓不會太滿意。」。「福伊，你喜歡愛黛兒的新單曲嗎？」「我可以告訴你，詩人米爾頓不會太滿意。」不安於營造出的虛假形象漸漸崩毀，他終於下定決心要改造自己，成為一個真正具有文化藝術內涵的人。福伊先生為了實現願望邁出的第一步，是想找出在世界上具有影響力的音樂作品，讓心靈浸淫在名作的不朽光芒中，但唱片行裡眼花撩亂的選項幾乎將他淹沒，他茫然不知該如何做才好。

目標：聆聽具有影響力的音樂作品[1]。

方法一：先找出一位有影響力歌手的歌曲聆聽，接著再尋找另一位有影響力歌手的歌曲聆聽，依此類推。

方法二：到唱片行隨興挑選幾張唱片。

1　此處的「具有影響力」，意指啟發或造就了其他歌手的重要音樂作品，或是純粹指暢銷歌曲。我們稍後會再說明——我們關注的重點實際上是找出「在這些歌曲中，哪些是最重要的？」這一問題的答案。

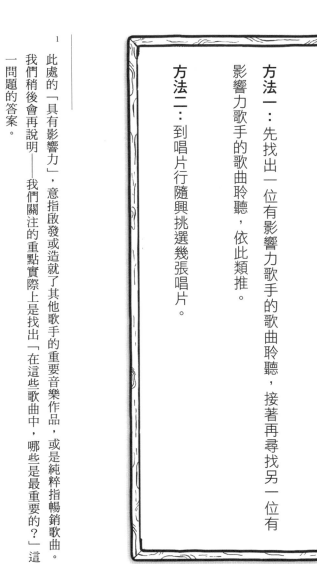

先讓我們瞧瞧即將脫胎換骨的福伊先生，會如何踏上這趟獲得音樂新知的旅程吧！

眼下我們或許會把方法一視作不二法門，因為網站上與日俱增的推薦引擎鮮少會為我們呈現內容，除非是經過某種設定而鎖定使用者的偏好。方法一基本上是採取了一種稱作**鏈結分析**（**link analysis**）的做法，意思是，假如我們手邊有一批具有某種共通屬性的資料集合，比方說歌曲、影片、人物或是汽車組件，藉由分析這些資料彼此之間的關聯性（亦即，資料間的鏈結），就能解答諸如這樣的問題：「這些資料裡，何者是最重要的？」而問題的答案就正好命中我們在此的關切核心。其應用例子包括了許多人都很熟悉的「引用」；一般來說，出自某一本出版物的引文，也就是被其他出版物援引的總次數，可視為該出版物之重要性的有力指標。這種賦予獲得最多指名數量的資料較高價值的方式，正是推助Google漸漸穩居龍頭地位的利器——和其他競爭對手相比，Google的第一頁搜尋結果總是能帶給使用者更相關的資訊。

接著，我們要探討關聯性的兩種型態：資料的鏈結**程度**，以及鏈結資料之間的**相似度**。

鏈結程度：假設我們擁有一張收錄了全球歌曲的合輯，且針對裡頭的每兩首歌曲，我們都曉得或是能夠判定這兩位歌手是誰影響了誰，其做法可藉由查閱訪談內容，或是利用某些公開資料集……等等。結果可繪製成如下的初步示意圖：

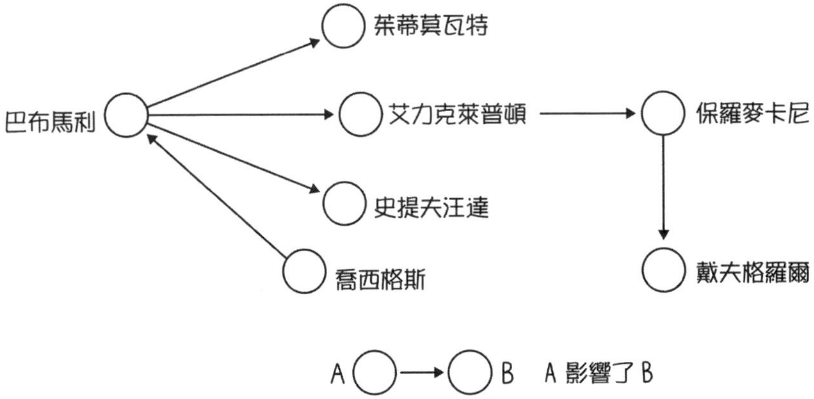

若將全部歌曲都依據上述方式整理，最後會呈現出許多圓圈和鏈結，亦即，得出一個稱作**網絡**（network）的架構。但這一網絡遺漏掉一則很重要的資訊，也就是缺少了間接鏈結。如果巴布馬利影響了艾力克萊普頓，而艾力克又影響了保羅麥卡尼，那麼我們就可以說，巴布馬利的影響力也擴大延伸到保羅麥卡尼的身上。

為了獲取這些間接鏈結，我們可執行一種叫做**矩陣乘法**（matrix multiplication）的程序。做法是先把歌手標示在一個方陣中，若方陣左邊的歌手影響了最上排的某位歌手，則記上圓點符號，接著再將這一矩陣連續乘方（自乘），透過每次相乘都能更深入發掘彼此之間的鏈結關係。若持續相乘下去，求出所謂矩陣的遞移閉包（**transitive closure**），就把這些相乘矩陣聯集起來，得出如下的圖表。

藉由計算每位歌手在橫列裡的圓點數量，並關注那些圓點總數較多的橫列，就能看出誰是影響眾多歌手的重要人物。是以我們不僅能辨識出哪些歌手具有高度影響力，也能據此去欣賞他們的音樂作品。這一矩陣相乘的程序，其使用範圍不限領域——相同的步驟也可套用在像是汽車組件上，而我們只須更改鏈結在當中所指稱的意思即可。就汽車組件來說，圓點可代表實體依賴性，像是車輪需要車軸支撐，而

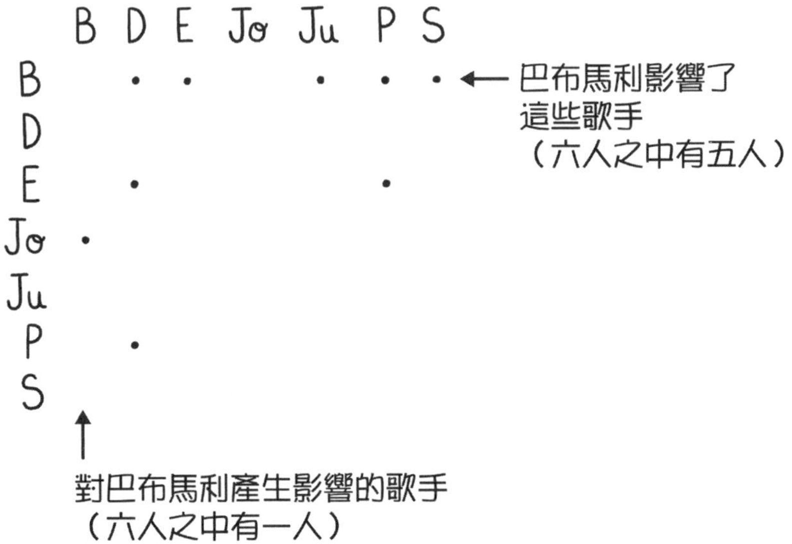

車軸又需要底盤的穩固。是以鏈結分析在此的實際應用就有助於解答這樣的問題：「抱怨聲浪不斷湧入，我們猜想癥結點可能是這款汽車的架構過於複雜，因此我們想找出連接度最高的組件為何？」車輪和其他兩個組件（車軸、底盤）以直接或間接的方式連接。然而，是否存在某一組件是與其他四個、五個或十個組件相連呢？就歌手而言，連結數眾多是件好事，因為這象徵影響力；但就汽車組件來說，情況反倒不妙，因為這也暗示著容易故障的可能性。

總而言之，上述方法是一個不錯的入門方式。與其不斷變換聆聽的歌曲類型，我們選擇先聆聽最重要歌手的作品，接著再欣賞次有影響力的歌手歌曲……諸如這般慢慢開展音樂探知之路。若有一天，我們更熱切於找出與某一首歌的曲風相近的其他歌曲時，那就得要採取不同的方法了。

相似度：要找出哪些歌曲的曲風相似的方法之一，就是檢視那些歌曲背後的創作者；而要判定哪些歌手的風格相近的方法之一，則是評量聽眾。以巴布馬利為例，艾力克萊普頓的歌迷裡，有多少人也會聽巴布馬利的歌？史提夫汪達的歌迷裡，也會聽巴布馬利歌曲的人有多少？諸如這般，完成所有歌手的聽眾評量後，再將結果值由高至低排序，就能大致獲知哪些歌手的風格

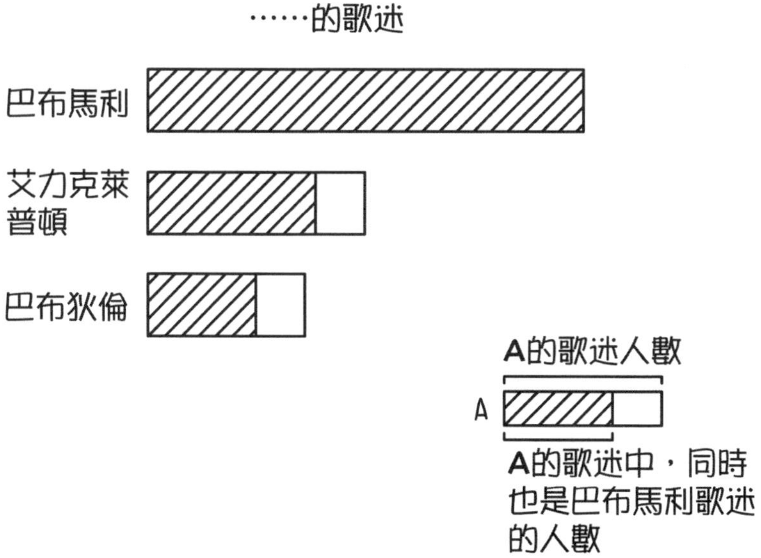

與巴布馬利最為相近。由於在評量上包含許多細微差異，因此可透過幾種更進階的方法來提高準確度。比方說，以「傑卡德指數」（Jaccard index）來取代單純計算歌迷數量的方法，藉由考量歌迷的整體數量，能有助於避免結果值受到擁有眾多歌迷的歌手影響而產生誤差。

此種形式的分析結果，可見於每當你利用搜尋引擎得出的結果頁面上，或是你的社群網頁呈現出的

動態消息，或是購物網站推薦的「你可能感興趣的商品」，或是專業網絡平台建議的「你或許會想建立的人脈」等。報章媒體也會使用此種分析方法，比方說，根據報導主題建構出一篇文章，接著再評估該篇文章和其他文章的相似度。另外，影音串流服務的整體競爭優勢，絕大部分都需依靠對訂閱者的喜好進行預測，再據此推薦相似的內容。線上影音平台Netflix近期於官方部落格發布了一則消息，具體說明了Netflix向用戶推薦電影和電視劇的參考依據，即不僅會憑藉內容類型（你常觀賞科幻影集，所以你可能也會對這一部科幻片感興趣），也會根據使用者的所在地（雖然你正在收看烹飪節目，但你位在印度，所以你可能也會喜歡這些寶萊塢電影）。Netflix有近八成的影片觀看都是來自內部推薦引擎的成果。誠如我們在第四章提到的，這樣的連結關係再佐以適當的分析結果，就

2 譯註：出自巴布馬利的經典歌曲之一〈Buffalo Soldier〉。

能讓我們從中獲知洞見[3]。

方法二從根本上來說，很顯然就是外行看熱鬧的挑選法。到了唱片行，我們可能會繞了一圈之後駐足在某一唱片區塊前，然後憑感覺挑選幾張專輯。但情況就如同所有不具先前知識的選擇一般，對於放入購物籃裡的每一張唱片究竟能不能幫助我們到達希冀的目標，我們無從得知。就算碰巧拿到了具有影響力的音樂專輯，我們也全然不知情。

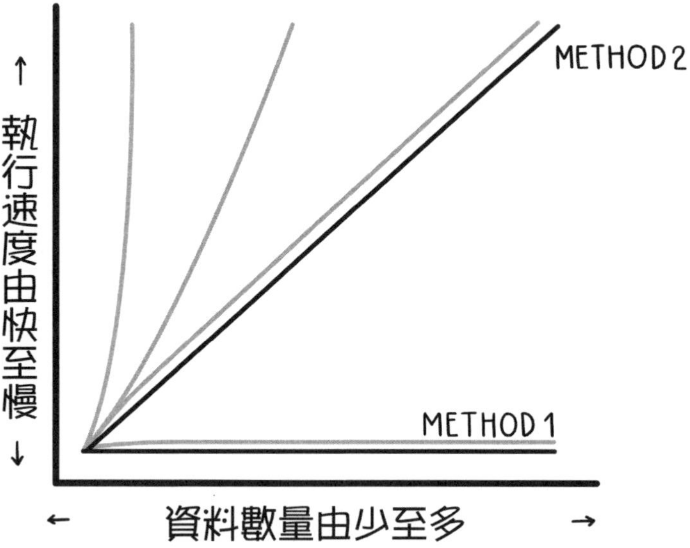

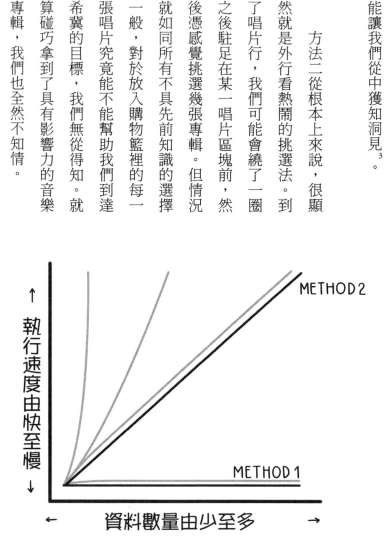

透過鏈結分析結果的協助，使得我們在面對有興趣探知的浩瀚事物中，不需再胡亂瞎猜到底要從哪裡開始著手。假使福伊先生最後善用了科技提供的先進方法，那麼我們終於可以鬆一口氣揭曉這兩種方法的對照圖。方法二在最差的情況下，執行效率為線性時間成長，而方法一需花費的時間則為常數。方法二在最差的情況需耗費一些線性時間，理由是他有可能得要聽遍全世界的歌曲，才能找到符合所需的曲目；而方法一的執行效率為常數，理由是不管世界上存在多少歌曲，他都是在具影響力的曲目範圍裡開展他的探索旅程。

3　值得去思考的是，持續推薦相似的事物給人們實際會造成的長遠影響。就福伊先生的情況而言，有鑑於他欲達成的目標，使得這種做法還算合理。但就更廣泛的層面來說，始終觀看同一性質的節目，閱讀同一類型的書籍，聽取同一類型的專家建議，平心而論，真的會是件好事嗎？這是否會剝奪人們從多元角度感受人生的機會？演算法就是呈現這些結果的幕後操盤手，儘管如此，我們應該要無時無刻意識到，人類的偏見不僅顯現在言語和行為裡，也存在於我們做出的選擇之中。

為了能徹底感受福伊先生這次音樂任務所使用的方法有多麼普遍地被應用，讓我們再看看另一個出自截然不同的領域——政治界的例子吧！在十九世紀以前，美國的政治樣態與今大不相同。選舉期間街上總是擠滿了前往遊行、把酒狂歡和投票的男人（婦女要到一九二〇年才有投票權）。投票在當時還稱不上是一件社會大事，而這也意味著政治家必須四處奔走，實地找尋進而遊說有權投票的選民。一八九〇年代，政治家布萊安（William Jennings Bryan）建立了史上第一個支持者郵寄清單，亦即**資料庫**（database），且持續在他的整個政治生涯裡使用。這類型的資料庫在二十世紀大為普遍，而到了二十一世紀，更在群體層面上精進改良，因而可以根據細微的特徵，像是購買習慣等，更準確地鎖定目標群眾。

這段歷史演進揭示的意義在於，為了能更有效率地獲取選票，且最終能節省時間和金錢，政黨必須瞭解要從哪一派的選民切入。與其向全國選民轟炸訊息，倒不如鎖定那些更有可能支持他們的群眾反而會更有效率。這裡探討的正巧是一道歸納問題，而解題的方法同樣也具有歸納性。這一方法帶來的結果是如此關鍵，因而事實上也影響了人們當今所使用的各大網站和服務系統。

這趟探索之旅對福伊先生的意義何在呢？他是否如願成為自己心目中的文雅之士？我們無從得知。畢竟我們的目的是幫助他踏上旅程，而不是抵達終點。關於學習新事物，人們很容易落入的陷阱之一就是從不當的起點踏入，進而導致種種挫折，諸如對這一學習項目漸漸失去憧憬與熱情，或乾脆放棄。鏈結分析的結果——藉由網際網路，或在不久的將來透過安裝在自家或辦公室，可讓人們相互對話的實體裝置帶來的新技術——是讓如同福伊先生一般求知慾旺盛的人們，再也不需茫然於不知從何開始，或走入不必要的曲折道路，就能學會新知識的一種途徑。就福伊先生而言，他拋棄了盧德份子（Luddite）般的傳統思維，轉而擁抱那能為他分析出無數首歌曲的科技技術，這一選擇將能幫助他更快加入文化之士的行列。他已鼓起勇氣，報名了幾場當地音樂愛好者的交流聚會，一切看來美好可期！

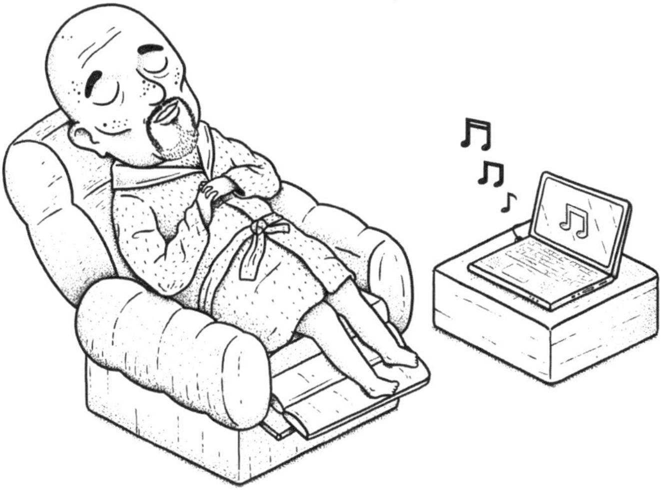

全心全意感受吧！雖然人生中的跌宕起伏（某位蓄著濃密鬍鬚的德國哲學家或許會這樣說），無法那麼輕易就能咀嚼箇中滋味，但過程卻能帶給人心靈上的收穫。

7 動態更新

道恩先生正漫步在加拿大洛磯山脈，沿途欣賞明媚景色。眼前青綠色的清澈湖面水波不興，靜靜映照出湖邊壯麗非凡的樹木倒影。一陣溫柔西風吹拂而過，啁啾鳴叫的鳥兒在蔚藍天空迎風翱翔。世界在這一片刻彷彿是一方恬靜美好的天地，既不存在種族歧視、氣候變遷和貧窮問題，也沒有饒舌歌手肯伊威斯特這號人物。「唯心主義者所言甚是……」，飄忽的雲朵從地平線的彼端輕聲呢喃道。不過，道恩先生的思緒此刻卻盤旋在他處。正如他的社群朋友都離開溫哥華去了外地遊覽，他好歹在這天早晨也飽覽了洛磯山脈的獨特風光。他看見幾隻綠頭鴨搖擺著身體四處亂晃，模樣就好像在跳倫巴舞，而就是從那一刻起，他開始傷透腦筋。他設法要想出機智幽默且簡潔扼要的句子來傳達眼前這一幕逗趣景象，以遵守那原本打算要還給他獨處時間的科技工具，如今強行規定的一百四十字母以內的發文限制。他非常看重那群網友的肯定回應，所以絕對要好好表現啊！

誠如在神經科學裡提到的，大腦能夠偵測顯著性（salience）。因此，在寂靜無聲的房間裡聽見任何聲響時，大腦會將之擷取；在喧鬧嘈雜的房間中，聽到有別於這些吵鬧聲的聲音，大腦也同樣會察覺感知。從某種程度上來說，愈是頻繁出現的訊息，愈是被認為沒有意義，而這也就是為什麼大腦會過濾掉這類訊息的原因。

有些人在編寫簡訊時，習慣省略掉像是母音這種頻繁出現的字母，這一做法部分源自資訊理論「唯有對理解不可或缺的訊息，才有傳送必要性」的概念。由於英文本身具有的各種特性，使得一段句子就算某些字母被省略了，意思也還是能讓人完全明白，因為省略掉的都是可想而知的字母，既然如此，刪除那些顯得累贅的字母也無妨。因此，就如同道恩先生的情境，當我們面臨到既要縮短簡訊長度，又要顧及內容可讀性的兩難時，採用這種省略手法亦不失為好方法。事實上，在輸入預測（predictive text）的功能出現之前，大多數的人都是使用這種方式編寫訊息[1]，而這也確實達到了以減少資料（儘管是可有可無的資料）來節省空間的效果。請注意，先前我們討論的主題都是和「執行效率的快慢」有關，但在此，我們要探討的是「資料佔據空間多寡」的問題。這種於不同面向斟酌權衡的做法，在針對解決問題的可能方法進行評估的實際操作上相當常見——

1 在當紅的影片分享網站的留言區裡，常見許多懷舊人士仍使用此種省略字母的方式撰寫訊息，彷彿身肩將這把火炬傳承到後代的責任。

電腦科學家通常會比較相競方法的相對**速率**，也稱作**執行時間複雜度**（run-time complexity），但有時候也會根據其需佔用的記憶體或磁碟空間大小，即**空間複雜度**（space complexity）來做比較。

目標：重寫一則字數在一百四十字母以下、妙語如珠的狀態更新。

方法一：將較長的單字改換成較短，但沒那麼漂亮的單字。

方法二：將某些單字裡頻繁出現的字母省略，例如，母音。

有趣的是，電腦運算裡也有與方法二相似的做法。一九五二年，電腦科學家大衛・霍夫曼（David A. Huffman）想出了一種減少儲存資料所需空間的辦法。不同於前述例子採用刪除手法，霍夫曼的方法著重於優化，我們稍後會再說明。電腦儲存資料的方式，以單字為例，是將字母表裡的二十六個字母（數字和其他字元也是同理）對應到一組數值，接著再將這組數值轉換為電腦能理解的二**進位**（binary）表現形式來儲存。每一個轉換成二元碼的字元包含了七個位元（bits）。舉例來說，字母「a」對應到的數值為九七，以二進位表示如下：

1100001

字母「b」的對應值為九八，其二進位表示則為：

1100010

假設我們想更進一步以二進位來呈現「hans」這一單字，則會得出以下結果。每一字母都佔用七個字元，總計需要二十八個字元：

1101000 1100001 1101110 1110011

字元的二元碼長度都相同（在此為七個位元），其好處是使得二進位字串的解碼變得很容易。我們只須讀取每七個位元，接著再利用對應表轉換成英文字母即可。

然而，霍夫曼是一個很有自我想法的人。他望著這一組組七個位元，說道：「肯定還有其他辦法能讓它更精簡。」朋友們以懇求似的口吻對他說道：「霍夫曼，別異想天開了。這樣說雖然有點過分，但拜託你別逞英雄吧！」霍夫曼根本不在乎。他樂於激勵自己去探索未知，這同時也意味著他有可能會想出最理想的二進位表現法。

霍夫曼捨棄了固定長度的二元碼，選擇了變動長度的編碼方式。他利用某些字母在句子裡的出現頻率比其他字母還來得高的特性，進而將較常出現的字母對應為較小的數值，所以二元碼的位元長度較短；相反地，出現頻率較低的字母則具有較長的二元碼。舉例來說，假設我們判定某一批資料裡的字母，其出現頻率的比例是如下所示：

e	705
a	605
n	431
h	250
s	242
l	217
f	100
j	59

也就是說，字母「e」出現了七百零五次，字母「a」出現了六百零五次……。請注意，字母是依照出現頻率的高低，由上至下依序排列。霍夫曼採取的方法是把頻率最低的字母配成一對，並將它們的數值相加後，儲存在一個新的暫存字元裡，接著再將這整組字母符號整理排序。不斷反覆此一過程，直到沒有可以配對、相加的字元為止。

最後呈現出的結果大致為一樹狀結構，其中各個節點（一個字元）都與具有兩條邊，且數值相加的一對節點相連。當這一整組字母完成上述的程序後，可得出以下的圖表結果。亦即，先將「f」和「j」配成一對，接著把兩者的相加數值與「l」配成一對……。從第一排之後的每一垂直行線，都代表演算法的一個步驟。

若將這張圖重整為樹形結構更顯一目了然。字元的優化二元碼，就是從頂端的節點（根[2]節點〔root node〕）開始讀取位元，一路往下抵達這一字元的所在節點，從而產生的字串。因此，在下列的樹狀圖中，每當讀取的樹枝方向往左移，字元的二元碼就會增添一個0，反之只要往右讀取，則會增加1。故依循這一規則，字母「e」最後會呈現出兩個位元長度的二元碼11，而字母「f」則會得出五個位元長度的二元碼10001。在霍夫曼二元樹中，子節點被指定為0或是1是隨機而定；也就是說，字母「e」原本有可

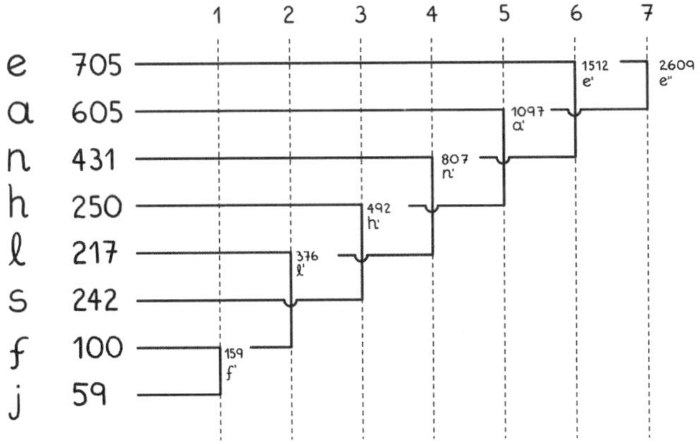

2 在電腦運算中，樹根是繪製在樹的頂端，樹枝則是往下延伸。有別於現實中的樹木生長樣態。

能被編碼為０１，而不是１１。雖然二元碼未必是最獨特的，但無疑是最理想的。因此，在任何情況下，霍夫曼二元樹會連同訊息一併傳送到接收端，如此接收端就知道要如何將訊息解碼。

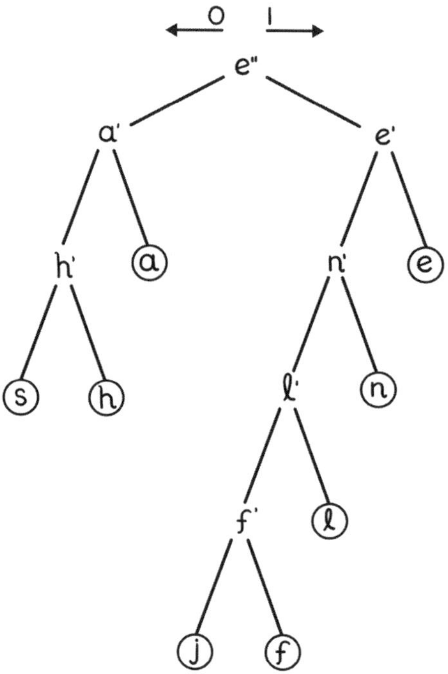

以下是優化二元碼的一覽表。你是否發現，那些出現頻率較高的字母，如今編碼長度都縮短了呢？

而「hans」這一單字的二進位表示法，現在又會變成什麼模樣呢？

001 01 101 000

我們不需再用到二十八字元，只要十一字元就能表現此單字的二進位字串。這一改良成果顯現出的洞見，不禁讓人想起近一世紀之前出現的革新——關於該如何讓電報以最佳方式相互傳遞訊息。摩斯（Samuel Morse）所採用的方法，也同樣是依據字母在英文裡出現的頻率來決定字母的代碼。但有趣的是，摩斯判定各個字母頻率高低的方式，並非藉由諮詢專家，也不是進行研究或分析數據，而是去計算印刷廠裡鉛字盒的鉛字數量。所以說，若你日後碰上某些老學究質疑你的研究方法時，你大可不必太耿耿於懷。

在現實世界中，像是霍夫曼編碼這樣的資料壓縮技術無比

e	a	n	h	s	l	f	j
11	01	101	001	000	1001	10001	10000

重要。善用空間意指網站載入更快速——檔案在透過網路傳送之前，可先經過網頁伺服器壓縮，現代的網頁瀏覽器會再執行解壓縮。在頻寬有限的情況裡，諸如這般提升速度的方法極為關鍵。壓縮技術的運用也讓電影（試想MPEG-2格式）、圖片（試想JPEG格式）、歌曲（試想MP3格式）都能比原始檔案佔用更少的空間，因而減少了儲存和傳輸的費用。像是MP3這種音訊格式特別有意思，因為其壓縮模式主要是針對人類由於生物或神經學上的限制因素而無法聽見的音域，例如，人耳無法聽見音頻超過兩萬赫茲的聲音。

下次當你享受著流暢無阻的通話或視訊經驗時，不妨記起壓縮技術的功勞吧！科技技術至今的發展，已能讓應用程式只需經由網路傳送部分資料，再由另一端去推測或重建其餘的資料。總歸來說，壓縮技術有助於降低科技應用的門檻。

這一切固然美好，但道恩先生後來怎麼樣了呢？他與他的社群追蹤者們，彼此都心滿意足了嗎？是的，道恩先生成功辦到了。他順利將眼前那片風景、那一幕逗趣景象，以簡潔扼要的語句傳達到每一雙樂意關注的眼睛。文字的無窮力量，也正是為翻譯聖經而殉道的威廉・丁道爾（William Tyndale）渴盼追求的事物。道恩更新了他的動態消息，而熱切的廣大使用者們也在此之中得到了他們期待看見的新訊息。

天剛破曉就踏上這趟美妙健行之旅。最棒的是還欣賞到幾隻鴨子的精彩演出。但願不會收到觀賞費用的賬單！[3]

---

[3] 譯註：原文「Been on a fantastic hike since the quack of dawn. Bst part is som of the ducks have been putting on a show. Not looking forward to the bill!」

希望道恩先生這次學會的——如何以最佳方式精簡一則訊息且不失真意的表達技巧，每次都能為他帶來類似的圓滿結果。不然的話，下回那群綠頭鴨就會再更靠近他一點。

使用者維繫訓練營

·辦析產品市場裡常見的法律漏洞
·訂定市場佔有率成長一倍的五年計畫
·擬定提升企業形象的預算
·提出與偽善客戶往來的對策
·探究某咖啡企業逃漏稅的手法

8 完成工作任務

郭諾亞小姐任職於專門銷售基因改造種子的「大碗公農業生技公司」聖路易斯辦公室。她的職位是低階助理，且不久前主管指派給她堆積如山的工作項目，並吩咐她得在這星期內完成。工作彙報安排在星期五，距今只剩兩天時間。假如她沒有如期完成所有交辦任務，她就無法去參加公司於星期六舉辦的尾牙聚餐。大碗公公司的年終尾牙是員工與高階主管會面交流的僅有活動。對郭小姐而言，這絕對是個不容錯過，既可大開眼界，又能展現自己的大好機會！而且如果運氣夠好的話，說不定能讓她實現那渴望已久的升遷夢。郭小姐會怎麼做呢？

設法完成一堆任務是身為成年人肩負的重要責任之一。不妨回想自己從過去到現在接觸過多少關於如何提高工作效率，杜絕拖延，聰明管理工作量……等的書籍文章。但就連向來刻苦耐勞的郭小姐也心知肚明，要趕上那近乎不合理完成期限的壓力有多麼巨大。就讓我們一起想想她能達成目標的幾種方法吧！

目標：在這星期結束之前完成所有交辦任務。

方法一：先處理某一任務的一小部分，接著切換到另一項任務，同樣也是著手一小部分之後，就換成處理其他項任務。

方法二：將任務依照難易程度排序。從最簡單的開始著手，完成後再處理其次簡單的任務，依此類推。

方法三：將任務依照優先次序排列。先處理最緊急的任務，完成後再處理第二重要的任務，依此類推。

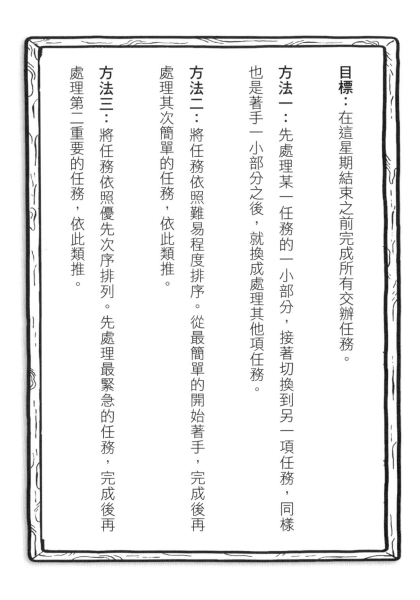

上述的三種方法應該都很常見。方法一是依據時間區塊來決定何時要從任務之間切換。舉例來說，你必須在週末結束之前繳交三份不同科目的作業，你或許會利用上午時間埋頭科目一，下午做科目二，晚上再寫科目三。到了隔天早上，再回過頭繼續做科目一，諸如這般，直到三份作業都完成為止。這種時間分割法，實際上就是現代作業系統處理多項應用程式的方式，且有時被稱作「**環境切換**」（**context switching**）。排程器（**scheduler**）會先觀察目前有哪一些程序[1]（**process**）正在執行，分派給它們一定的時間片段後，再確定各個程序都在指定的時間內執行。程序之間的切換是如此連貫流暢，是以作業系統讓人感覺程序似乎是同時平行運作。就當今的多核心處理器來說，其程序確實是同時運作。例如，四核心處理器可以同時執行四項程序，唯有在程序超過現有處理器核心數（**cores**）的情況下，才需進行環境切換。這不禁讓我想起在現實生活裡有一個類似平行處理的有趣應用，即所謂的「**管線操作**」（**pipelining**），意思是把一批相互關聯的任務劃分開來，再以最能充分利用現有資源的方式執行。比方說，你和兩位朋友在派對快要接近尾聲時，才猛然想起忘了準備要發給賓客的伴手禮。為了提高每單位時間完工的伴手禮數量，採取某種生產線的做法或許會較有效率——你負責在禮物袋上寫感謝話語，一位朋友負責裝入禮物，另一位朋友則替袋子綁上緞帶。然而，與其他方法相比，這有可能導致的狀況是在你寫完感謝話語之前，其他人都無事可做。雖然說劃分任務是建構高效率的要素，但當然了，僅在一定的程度上是如此——「就算給你九個女人，也沒辦法在一個月內生下一個小嬰兒給你。」軟體工程師佛瑞德．布魯克斯（Fred Brooks）曾這般描述。

以當今的硬體效能來說，我們幾乎感覺不到環境切換造成的額外時間負擔（overhead）。但事實上，作業系統每次進行環境切換時，都必須保留目前程序的

---

1 你所執行的每個應用程式都會產生出一個或以上的程序，作業系統進而會安排這些程序。

狀態、清理暫存器（registers）及暫留資料，再載入新程序的狀態[2]。就人類而言，由於這種切換而導致的認知負擔相當顯著。經過多次感受，我們發現生產效率面臨到的一大阻礙，就是我們不得不暫停正在執行的工作，去處理諸如急件之類的其他任務後，再回到原先正在進行的工作。作業系統也同樣會發生這種情況，即藉由所謂的「**中斷處理程序**」（interrupt handler）將執行中的程序暫停，以便給予特定程序所需的數據或是擱置該一程序。

假如中斷時間過長，當我們想要重新進入原先任務的思緒狀態時，就難免需要一點時間調整適應。就好處而言，環境切換確實能幫助我們在各個任務上至少都著手處理了一部份。但儘管如此，在人們焦頭爛額且處於迫在眉睫的時間壓力下，「讓所有任務進度都不落後」終歸是一個理想化的策略，結果不僅會令人普遍感到失望，甚至可能導致自主權利被剝奪的個體。

方法二是做事習慣拖拖拉拉的人應該相當熟悉的做法，也就是把最艱難的任務拖到最後才做，先處理比較簡單的任務。這是一種選擇飽嚐小甜頭，卻可能犧牲了之後所存在更大勝利的機會主義型方法。這種方法有時被稱作**貪婪法**（**greedy approach**）。「貪婪」二字在此未必具有貶義，而只是要突顯其試圖「以最不費力的方式，走到哪算哪」。

貪婪法的一項應用是設法在最短的時間內，從一點抵達另一點，比方說，從某一城鎮到另一城鎮。若使用貪婪法，我們到了每一城鎮都會自問：「距離這裡最近的城鎮是什麼地方？」雖然這種決策方式既快速且容易，但卻也造成我們無

---

2 請注意，在大部分的現代瀏覽器中，每一標籤頁也會以一個單獨的行程執行。這就是為什麼透過Mac的「活動監視器」（Activity Monitor）或微軟系統的「工作管理員」（Task Manager），你或許會看見同一瀏覽器底下包含許多項目。

法評估整體的捷徑，因為貪婪法只著眼於旅途前期的較短路徑。我們在第四章也見過相似的情況——那位迷路的裁縫師一心只想走出迷宮，而不在意要花多少時間。關於最短路徑演算法的文章論述不計其數，其中也存有幾種互不相同的立論觀點。較為著名的是荷蘭電腦科學家代克思托（**Edsger W. Dijkstra**）在一九五九年出版的著作裡提出的「**代克思托演算法**」。從更廣義的角度來說，這一類的演算法稱之為「**圖形搜尋**」（**graph-search**）演算法。

而「樣式比對」（**pattern matching**）為另一個值得一提的貪婪法應用，意指利用一串字元（也就是「樣式」〔**pattern**〕）在文本內容裡找出可能符合該串字元的所在位置，通常是為了要以其他字元取而代之。比方說，在某一文本內容裡含有「**Jessa Jessica**[3]」的字行，而我們想要把這個名字的兩種拼法統整為一。若是以貪婪法操作，其比對樣式會是「尋找『**Jess**』之後接續任意個其他字母，然後再緊連一個字母『**a**』」，最後會找出原始的整個字行（**Jessa Jessica**），而不是單獨的名字（Jessa、Jessica），因為比對程序會停在字行末端的「a」上，而不是首次出現的「a」。這種方法得出的結果有時能盡如人意，但在上述情況卻並非如此。

當人們置身在一條陌生道路上時，不難想像確實會做出類似貪婪法的選擇。例如，你正駕駛在某條州際公路上，迎面看見了一塊標示著抵達鄰近三個城鎮所需英里數的路標。這時，你或許會不由得想要駛向距離此最近的城鎮。

相對來說，非貪婪的方法顯然較高竿，且往往能帶來較好的結果。有趣的是，在軍事策略裡也能見到類似的方法，也就是為了贏取日後更大的成功，而捨棄當前的勝利（例如，守住首都），不妨回想一八一二年俄國是如何迎戰拿破崙

---

3 譯註：Jessa為Jessica的暱稱。

大軍。因此，非貪婪的方法或可形容為打一場持久戰。《華爾街日報》近期刊載了一篇文章，內容講述在拼字大賽裡奈及利亞籍冠軍的崛起，以及探討他們的致勝關鍵未必是擁有高人一等的詞彙量，而是反其道而行，選用較短單字的戰略。奈及利亞的拼字選手發現，與其挑戰可以獲得更高分數的七、八個字母的單字，打出四到五個字母長度的單字牌，反而是更有利的整體戰略，因為選手們可將手中最有用的字母留到接下來的比賽回合使用，進而也減少了從字母袋中抽到難以發揮的字母的可能性。以下出自該篇文章的節錄，深刻

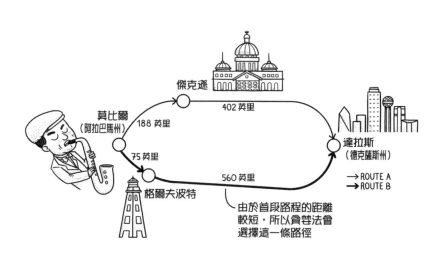

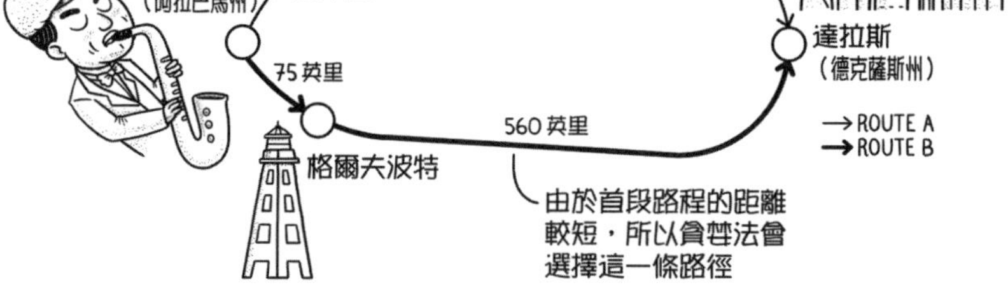

描繪出這種方法的妙處：

英國選手一次用盡手上握有的字母牌，拼出「AVOUCHED（證實）」此八個字母的單字獲得八十六分，暫時位居領先。但在接下來的五個回合，他面對字母架上一個個難以對付的字母開始陷入苦戰，每次拼出的單字得分大約在二十五到三十分上下。來自奈及利亞的吉西爾先生拼出了「QUIZ（小考）」獲得九十三分，瞬間扭轉比數，反敗為勝。這場比賽最後以四四九比四三二分落幕，獲勝者的團隊隊友們情緒激昂，將這位拼字冠軍齊舉在半空中，高唱奈及利亞的熱門歌曲：「我們奪下勝利了！」

方法三藉由聚焦在真正要緊的任務上，而非著手那些相對周邊，或影響可能比較輕微的任務，因此能緩解方法二的某些不利之處。我們將任務、活動或其他林林總總的待辦事項列成表單，接著再依據優先次序排列。請注意，「優先次序」實際上會隨著「完成所需時間」的不同而變動，所以方法二也可謂是按照優先次序來安排任務。印表機正是一個能清楚說明這種等價關係的應用——假如印表機的列印佇列內，有連續十份五十頁的資料緊接著一頁文件，那麼印表機較合理的做法是優先列印最末的那一頁文件，而不是擺到最後才處理。在此區分兩種方法的差別，是為了說明優先次序除了考量時間因素之外，也會取決於屬性。

假如中途又接到一項新任務，你或許不會將它直接放到任務列表的末尾，而是會根據優先程度安插在列表中的某處。然而，你能想像要在已經排好優先順序的列表裡新增任務，到頭來可能會花掉更多時間，因為你得更動其他項目，才能挪出位置給新的任務。在第十二章中，我們將探討電腦是如何以「**優先權佇列**」（priority queue）的方式來儲存這種列表，因此可快速完成插入；而這種方式在現實生活裡，也往往是最具成效的做法。左頁是我們所提及三種方法的比較圖。

假設所有的交辦任務彼此之間無關連性，也就是說，一開始處理任務的順序對於完成之後任務的所需時間幾乎不會有任何影響，那麼這三種方法完成任務的時間長度是相同的。[4]誠如在第一章裡提到的，我們比較的是這三種方法的基本操作運算結果，亦即，她最後會花多久的時間處理任務。但假如我們換個角度來評估，比方說，郭小姐建構和維

[4] 這一結論未必恆常為真。

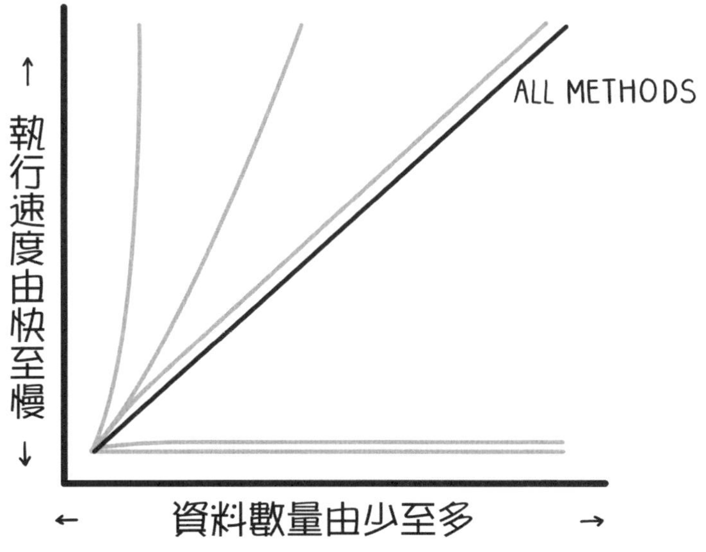

護一連串任務所需花費的時間，那麼我們或許就會說，方法一的所需時間固定為零，而方法二與方法三在最差的情況下，需花費的時間呈對數成長。那為什麼我們會選擇從第一種角度來評估，而不是第二種？因為考量到她要達成目標需付出的時間成本，我們認為她花多久的時間處理任務是影響時間總成本的主要要素，換句話說，我們斷定建構和維護任務實際上沒什麼大不了[5]。更詳細的說明請參考第十章及第十二章。

就僅僅觀察相對程度仍顯不足，以及必須以實際結果為根本考量的情況來說，郭小姐的場景情境是一個很好的例子。同樣的道理也能反映在執行效率為常數時間的方法上。假想你是一名泊車員，你希望自家停車場裡停放愈多車輛愈好，好讓空間能被淋漓盡致地利用。而你將客戶的車子駛出停車場的所有方法或許都為常數時間，然而，客戶感受到的服務水準卻可能大不相同。舉例來說，若停車場到出口之間沒有保留任何一條暢通的車道，即意謂在最差的情況下，你得先將八輛車子移開，才能順利駛出某位客戶的車子。而隨時保留一條暢通的車道，在最差的情況裡可能只需移動三台車。但如果是藉由像是「禁止隨意進出」這類的辦法，強制規定交車或取車的時間，那麼或許產生的結果是，每次都不須再撤離任何其他的車輛就能順利駛出。

假設無法達成總目標，對郭小姐而言，次優的結果會是什麼呢？如果她剛好在當務之急的任務上花最多心思，可是那份任務太過棘手，讓她整整一個星期的時間都深陷其中，那該怎麼辦呢？我們有辦法將「優先權佇列」及「環境切

---

5 這一結論也未必恆常為真。試想在一場網球練習賽後，你必須將場地上的所有網球撿回。你會比較在意你需行走的總路程，還是彎腰的總次數？對於重視前者的人而言，規劃出一條能繞經所有網球的最短路徑是眼前的基本任務。但對於像是背部患有隱疾的人來說，後者顯然比較重要，因此或許就會選擇另一種做法，比方說，讓網球掉落在特定的網子上，然後再一次撿起。

換」這兩種方法結合在一起嗎[6]？面對具有模稜兩可或是特殊性的情況，諸如這般的提問能帶來創新的解決方案。順帶一提，日本作家東野圭吾於二〇〇五年出版的小說《嫌疑犯X的獻身》中，描寫到一位數學老師將一道幾何題目設計得像是代數問題，以看出學生們有多麼容易受到自身思維盲點的影響。對於很容易就不假思索地確信且不去懷疑隱含假設的人們來說，這無疑是一記當頭棒喝。我們往往會將新訊息以符合本身既定想法的方式解讀，而這就是電腦科學家艾倫．凱（Alan Kay）稱之的相對化處理（relativizing）。當然了，這種傾向是好是壞，就端看人們如何運用了。

6 電腦滑鼠的發明人恩格爾巴特（Douglas Carl Engelbart）曾寫道關於「讓一連串任務的完成過程更具效率固然重要，但也必需懂得去懷疑某些任務是否有著手去做的絕對必要性」。

JACQUELINE

9 修改項鍊

小喬是一位在新墨西哥州的藝術手創市集（或稱印地安市集——沿著四十號州際公路隨處可見的宣傳字眼）擺攤的自由手工藝者。她在幾年前罹患了類風濕性關節炎，因此讓她想憑專業技能掙一口飯吃都變得愈來愈艱辛不易。命運的殘酷安排，使得她現在只能稍稍活動手指，以販售名字字母的串珠項鍊為生。小喬的攤位就位在市集入口的正旁邊，於是乎，她竭盡所能說服每一位走進市集的遊客，字母項鍊就是此行送給摯愛之人的最棒禮物。一位小女孩似乎心動了，「請給我一條賈桂琳（Jacqueline）的字母項鍊。」她走向小喬說道。小喬接著將一顆顆珠子串在一條素色麻線上，最後在麻線的兩端黏上扣環。她把完工的項鍊交給小女孩，但小女孩卻板起一張臉，悶悶不樂的樣子。「不好意思，我的名字拼法是『Q』之後還有一個『X』。這個『X』是不發音的。你難道不知道現在的小朋友都流行取獨一無二的名字嗎？」

唉，可憐的小喬。

我們在第一章裡談到，將一批資料儲存為陣列，可在線性時間內完成查找。接著在第三章中，我們發現不管資料量有多麼龐大，也能以執行時間為常數的方法達成任務。而在這一章，我們要介紹的方法重點並不是查找集合資料，而是能夠在集合資料的任意位置增加及移除項目，且執行效率為

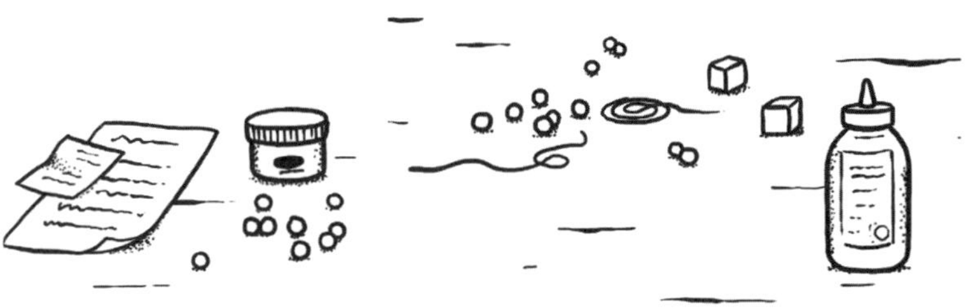

常數時間。首先，讓我們一起想想小喬可以幫小女孩修改項鍊的兩種方法吧！

目標：替項鍊補上遺漏掉的字母串珠。

方法一：拆下項鍊扣環，將珠子從麻線的任一端逐一取出，到達字母「Q」或「U」的位置後，把遺漏掉的字母「X」補上，再把取下的珠子放回麻線上。

方法二：將項鍊在字母「Q」和「U」之間一刀剪斷。把遺漏掉的字母「X」從麻線的任一端放入後，再以布用強力膠黏合斷掉的麻線。

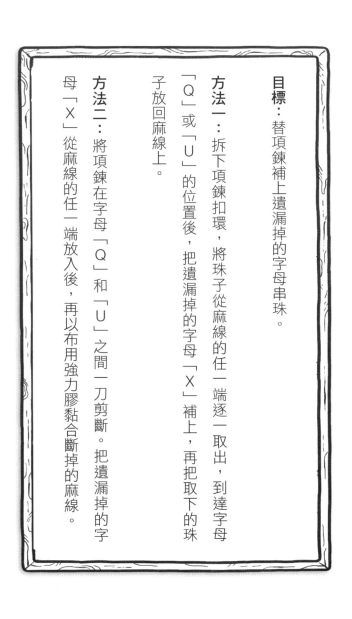

「陣列」的缺點之一，就是將資料儲存在連續的區塊中，也就是說，相連出現的資料在記憶體裡確實是以相連的空間儲存。因此，若我們恰巧需要在陣列的兩項資料之間加入其他項目，那我們可沒辦法隨心所欲插入，而是得先挪開插入點之後的所有資料，才能騰出空間加入新的項目；這大致上就是方法一的做法。小喬必須把字母串珠從麻線的任一端逐一取出，直到到達新珠子原本該被擺放的位置為止。將新珠子串上之後，她還得將先前取出的所有串珠重新歸位。你能想像假使串珠上的名字長度拉長兩倍，那麼這個過程可能就要花上雙倍的時間[1]。

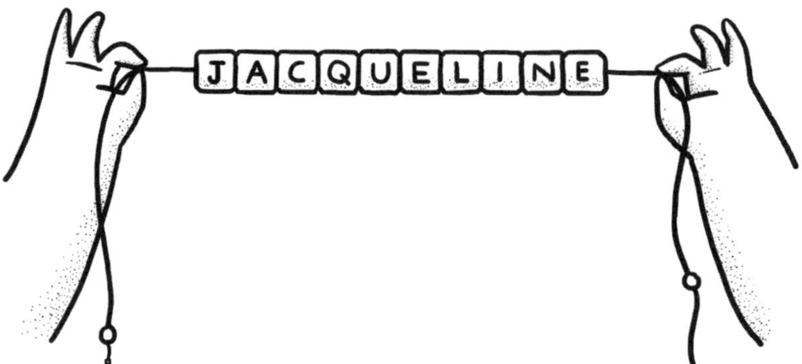

方法二另闢蹊徑，著眼於把珠子串在一起的是一條線，而這條線可在任意點被截斷，之後也可將斷線打結，或以布用強力膠修復。字串的重要特性就在於此（我們稍後會再說明），它緩解了陣列在增加或移除元素上需付出高成本的問題。就目前來看，方法一似乎比較討喜——比起把線剪斷再黏回去，取下三、四顆珠子有何困難呢？但如果眼前要處理的珠子數量龐大，試想方法一的討喜程度是否仍絲毫不減？

1 在最差的情況需花費兩倍時間，也就是遺漏掉的字母是位在串珠上接近中央位置的情形。

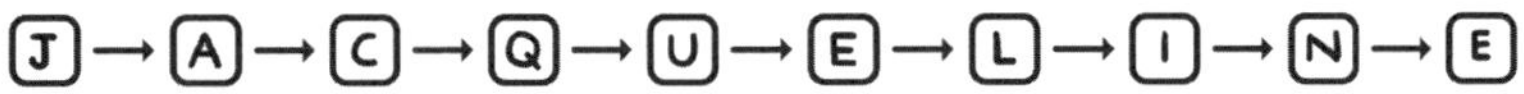

在電腦運算中，碰巧存在了一種完全表現出「線」的特性的資料結構，其樣貌如下所示：

請注意，雖然這仍是一批集合資料，但現在我們卻不需再受到以連續空間儲存資料的限制。更明白地說，集合資料裡的各項元素都指向後方的元素，而每兩項元素之間的標記（或**連結**〔link〕）就好比小喬串起珠子的那條痲線。因此，若我們此刻想在這串資料的某處加入新項目，就不需再考慮騰出空間的問題，而只要修改當中的連結即可。移除項目也是同樣的道理。

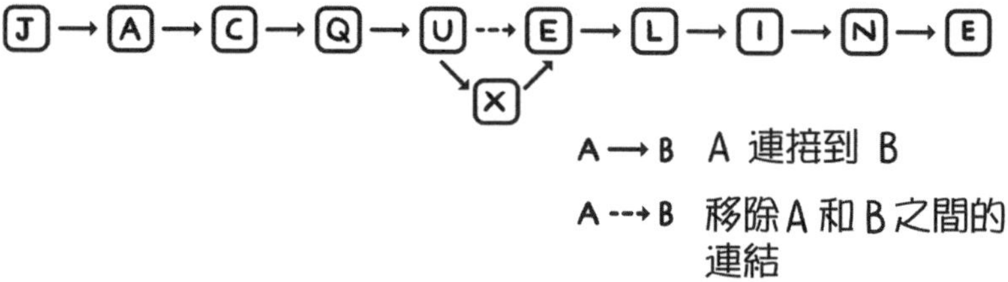

這一稱作「**連結串列**」（linked list）的資料結構於一九五〇年代中期首度開發，且就其在集合資料裡的任意位置處理插入及刪除所具有的效率而言，使其在電腦運算的許多應用裡佔有極其重要的地位。舉例來說，我們在第八章裡提到印表機可利用佇列來儲存列印工作，也或可在大型任務之間塞入小型任務，而有效率的實踐方法就是利用連結串列來執行列印佇列。誠如先前的說明，請記得我們在此關注的重點是基本操作的運算，也就是在集合資料裡增加或刪除項目需花費的時間成本。這當中確實也有其他的操作指令發揮作用，例如，找出我們要在其後插入新項目的某特定項目位置。就大部分的情況來說，要在陣列和連結串列裡找出那一特定項目需花費的時間長度幾乎相同。

另一個應用為文字編輯器。它可藉由將字行儲存成連結串列的方式來呈現文字文件，如此一來當你搬動字行，或在不同字行之間執行插入時，文字編輯器只須修改彼此之間的連結即可，而不必在記憶體裡實際挪動字行。在此有一個仍尚未說明到的細節：我們提到的連結都只是從各自的項目單向接到下一個項目。在某些情況裡（再以文字編輯器為例），每一段字行實際上都知道後面與前面接續的各是哪一段字行。因此，若我們將游標從某段特定字行移動到上一段字行，文字編輯器就能順著連結到達上一段字行，而不須再回到連結串列的前端（亦稱為「指標起點」〔head〕）去逐一檢閱節點。調整串列連結而產生的這種資料結構稱作「**雙向連結串列**」（doubly linked list），想出這個名稱的人似乎就是同一位天性開朗，同時也命名了「walkie-talkie」（無線電對講機）的人。

雖然小喬的個性不會輕言放棄，但經過這一事件，懂得修改項鍊的最快方法也肯定能讓她獲益匪淺。她為項鍊補上遺漏珠子的可行做法，不禁讓人想起在文書處理軟體出現之前，劇作家修改劇本的方式就是在打字機打出的紙張上，裁切掉某些字句段落，然後再把新的內容貼到原本的紙張上。最後就讓我們看看小喬可以採用的兩種方法比較圖吧！

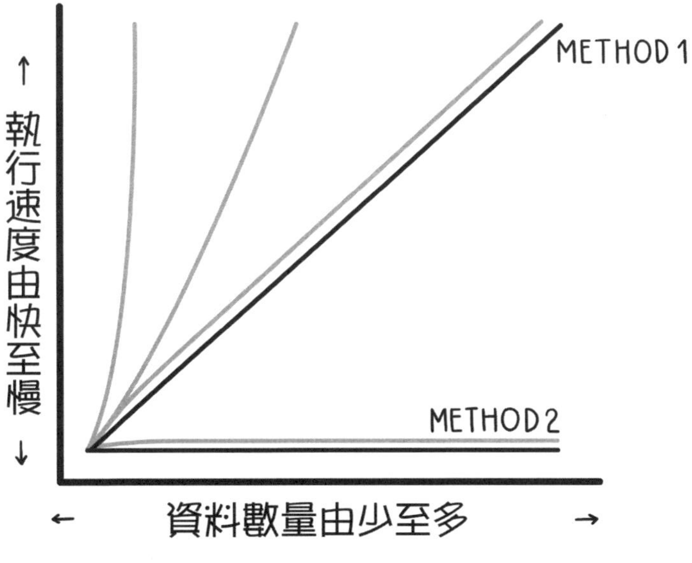

18

10 尋找紙箱

路德維克先生在傳教士街（Mission Street）上經營了一間電腦器材行。他就住在自家商店附近的大廈十四樓。那是一棟所有公共區域都裝有閉路監視攝影機的四十二層社區大廈。路德維克先生為了每月都能賺得一定收入以貼補調漲的租金，他通常會從大廈的資源回收室裡撿取紙箱，再利用紙箱寄送記憶體模組給國外客戶。順道一提，這棟大廈的每一層樓都設有資源回收室。此刻他有一筆務必要在今天完成寄送的訂單，而郵局再過十五分鐘就要關門了。他必需盡快找到出貨的紙箱！

目標：盡可能奔走最少樓層找到一只空紙箱。

方法一：沿著每一樓層尋找。

方法二：協請大廈管理員幫忙查看資源回收室的即時影像。

就讓我們細述路德維克先生能如願在大廈裡找到空紙箱的方式吧！

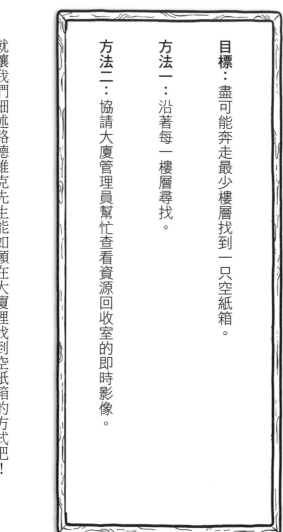

方法一是他出於本能的做法，即或許從頂樓出發，順著每一層樓往下尋找。若他麻煩朋友幫忙查看偶數樓層，他自己則確認奇數樓層，那麼所需花費的時間就會縮減一半，但儘管如此，這種做法的執行效率仍可謂是線性時間，其理由我們稍後會再探討。相較之下，方法二顯然是較聰明的做法，在管理員快速瀏覽即時影像的幫助下，他得以確切判定哪一層樓的回收室裡有空紙箱。就欲達成的目標而言，

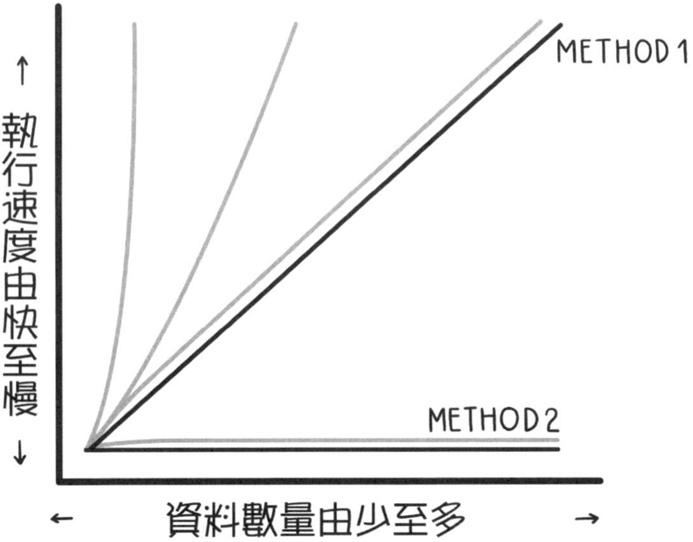

方法二讓他有機會在常數時間內（而非線性時間）找到空紙箱，因為他只須前往特定的某一樓層即可。因此，為了避免執行時間呈線性增長，尋求管理員幫忙是他付出的固定成本。

不妨藉此機會來談談我們是如何估算成長率吧！為了讓人更易於理解，本書刻意不深究嚴謹度。即便如此，仍務必瞭解我們可用不同的方式來描述某特定方法的成長率或**函數**。其中一種方

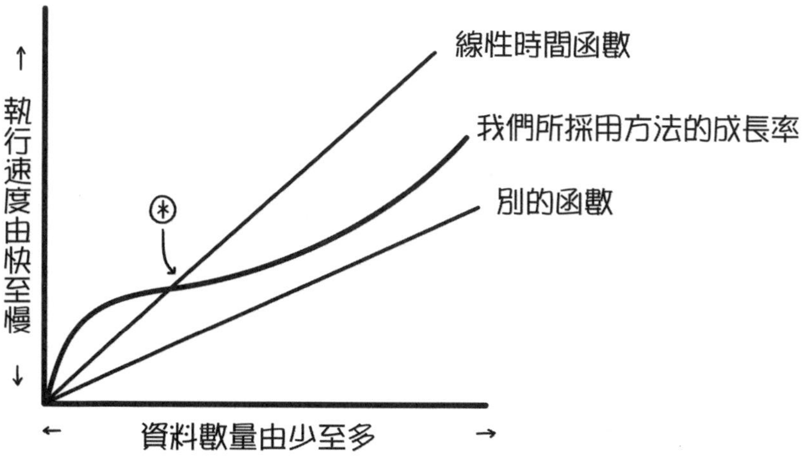

㊀ 超過這一點之後，我們所採用方法的成長率始終以線性時間函數為上方邊界，以別的函數為下方邊界。

式稱作「**大θ符號**」（big-theta notation），也就是以一組上界和下界（**upper and lower bounds**）來描繪函數——在資料數量龐大的情況下，其表示該函數（我們所採用方法的成長率）的增長速度既**不會比**簡單的函數（例如，線性函數〔n〕或對數函數〔log n〕）**快**，也**不會比**別的函數**慢**[1]。由於該函數被這些其他的函數牢牢限制在這一範圍內，是以我們才會說「二元搜尋法優於線性搜尋法，因為二元搜尋在最差的情況下，執行效率為對數時間」。

誠如在第二章所見，要在一排掛滿一百件衣服的衣架上找到某件衣服，採用二元搜尋（執行時間為對數的方法）可在七次以內完成。就算衣架上的衣服數量為一千件，也只需經過大約十次就能找到。反之上述情況若使用線性搜尋，就得分別執行一百次和一千次。

1　你還記得嗎？函數的增長速度愈慢，愈是受人喜愛。

大θ符號有兩大前提假設。其一為省略係數，理由是隨著資料量增加，係數值的影響就變得微不足道[2]。因此就路德維克先生的情況來說，不管方法一的成長率是n或二分之n，都能同樣視為需花費線性時間，記作θ(n)，讀作「n的大θ」。第二前提假設是只考慮函數的最高次項，因為相較於其他次項，最高次項對於函數的輸出具有較大的影響力，而這一最高次項也就是我們一直以來提及的基本操作運算。藉由電腦科學教授馬克魏斯（Mark Weiss）提出的以下範例就可清楚理解：

> 在「$10N^3 + N^2 + 40N + 80$」的函數多項式裡，若$N = 1{,}000$，得出的結果值為10,001,040,080。其中的10,000,000,000來自於$10N^3$這一次項。

因此，倘若路德維克先生採用方法一，並且他在自己居住的那一樓層總計查看過兩遍，那麼我們可將他要找到空紙箱，在最差的情況需花費的時間描述

為 $t(n) = n + 1$（其中的「＋1」代表額外查看的那一遍），以大θ符號表示為 $\theta(n)$。然而要特別說明的是，這一前提假設也包含了一連串必須注意的問題。比方說，或許在某些情況中，非最高次項對於函數具有顯著的影響。就以第九章裡小喬與字母串珠的故事為例；我們關注的重點是補上遺漏掉的珠子，且將她採用方法一需花費的時間判定為線性成長，方法二則為固定的常數時間，從而得出方法二是較有效率的做法。在此之中，我們是不假思索地認為將斷掉的麻線黏合起來是一件不費吹灰之力的小事；然而，如果黏膠需要費時五分鐘才會乾燥固定呢？這一狀況會影響她做出的選擇嗎？當處理的事物數量不多的時候，諸如此類的常數值就特別引人注目，也進而提醒我們至少要察覺常數值的存在。

還有另外兩個與θ相輔相成，且操作的前提假設相同的符號。其一為大Ω

2 情況也可能並非如此。數值很大的常數也有可能對函數產生不容忽視的影響。

（big-omega），即在n的數值夠大的情況下，劃定出函數的下界，也就是說，該函數的增長速度不會比下界還慢。另一個則是大O（big-o），即在n的數值夠大的情況下，劃定出函數的上界，意思是該函數的增長速度不會比上界還快。在現實狀況中，函數的增長速度確實很可能會比上界還慢，所以相較之下較有效率，但可別忘了，大O符號屬於永遠的悲觀派，宛如墨菲定律的化身。在本書談及到某種方法的成長率時，通常都是指該方法被包夾在上下界之間的最差情況，即我們是估算這一方法的大θ。請注意，任何如同本書所採用的間接參照方式，都是經過了權衡取捨（trade-off）的結果。雖然我們獲得了這一取捨結果帶來的好處，但仍需切記現實情況具有更細微的差距。關於這一主題的補充說明，可閱覽本書末尾的參考資料。對於路德維克先生來說，採用方法一與方法二的實際差別顯而易見，想必他會選擇比較輕鬆的做法！

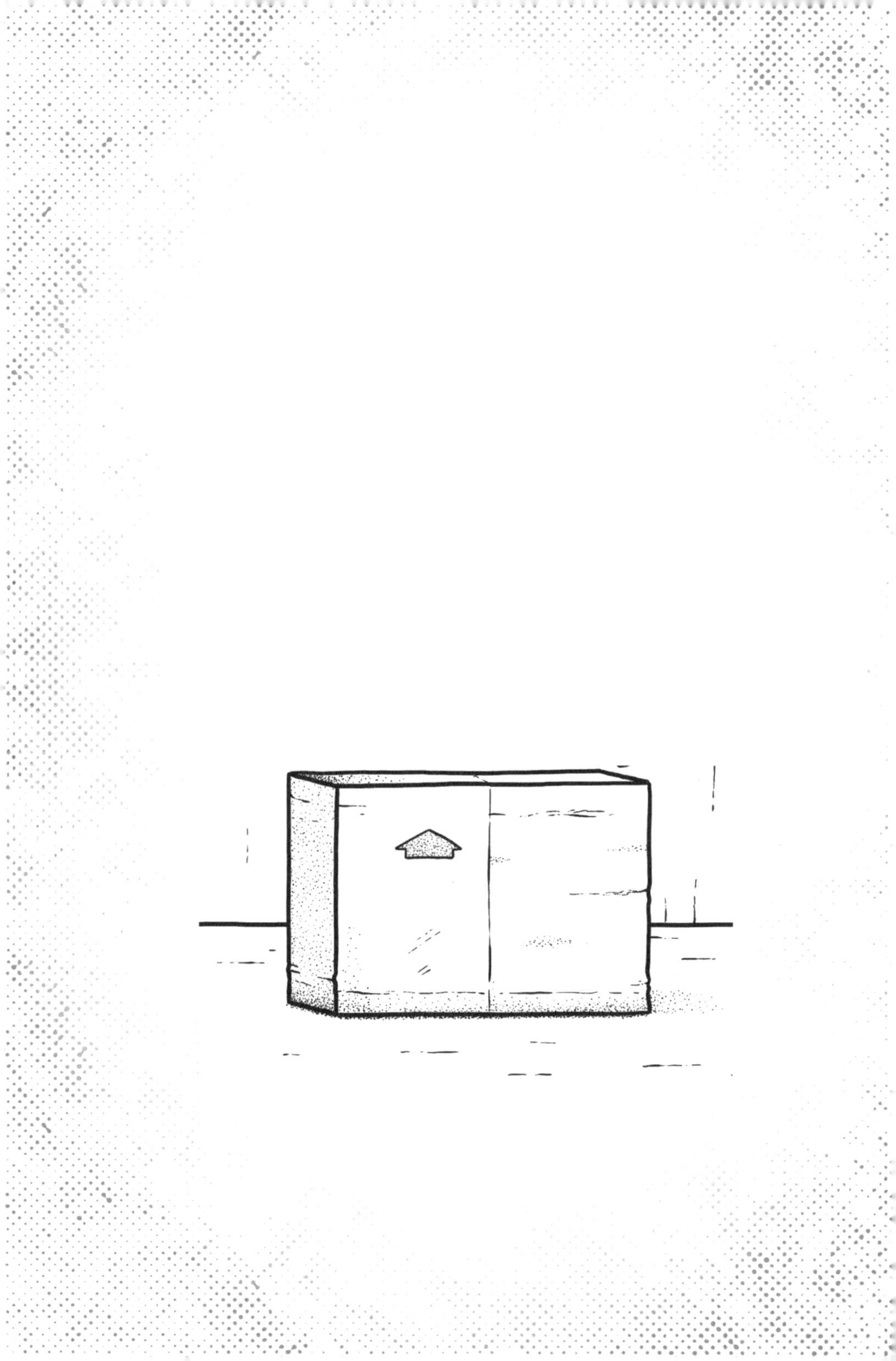

11 填滿書架

泰瑞就讀於加州比佛利山一所名叫梅德洛克中學貴族學校的二年級。他最近被罰以放學後勞動服務，因為他在上社會課的時候，發表了「不是所有東西都得要含有酪梨和羽衣甘藍（Kale）成分[1]」的過度偏激言論。作為懲罰，班導師要求他到學校的圖書館，把從彎曲變形的舊書架上掉落在地，約莫有二百五十本的

---

1 某些人大放厥詞的狂妄程度驚人。

書籍全部擺放到新書架上。不僅如此，泰瑞還必須依據作者姓氏，按照字母順序排放才行。今晚他和朋友約了要去看電影，他可不想到時還被困在學校整理書本啊。雖然他最終會完成任務，但他得抓緊時間！

目標：將書本按照字母順序放到新書架上。

方法一：撿起任一本書放到書架上，接著再撿起另一本書，並依據字母順序擺到第一本書的前方或後方。依此類推。

方法二：先利用書擋區隔出各個字母的擺放空間，接著再將每一本書放到所屬的間隔裡，並視情況調整書擋位置。

先讓我們來描述泰瑞能如何進行他的任務吧！

我們在第五章裡提到──根據比較相鄰項目，再判定大小的排序方法需花費的時間為平方成長，而這一方法的實作應用包括有插入排序法、選擇排序法及氣泡排序法，這些方法的操作概念基本上是大同小異。泰瑞採用的方法一，事實上就是第五章裡郵差先生所使用的方法一。

在此特別有趣的是，泰瑞的新方法並未採取郵差先生所使用的切割與征服（divide-

and-conquer）策略，而是發揮簡單的小巧思，讓執行時間為平方成長的方法變得更有效率。假使採用插入排序之類的方法，我們不難發現，導致效率緩慢的最大原因在於將一項目插入到適當的位置，因為每插入一個項目，就得移動之後的所有項目。然而，泰瑞使用的方法二藉由事先在書架上的各處設置相等間距的空格，如此就免去了那些移動項目的工程。換言之，當他確定某一本書該被擺放的位置時，他只須挪移間隔裡的幾本書，直到該間隔被放滿為止。泰瑞基本上是以空間換取時間，且設置的間隔愈寬闊或是愈多，他每次需要移動的書本數量就愈少。這一改良插入排序的方法，亦稱作**圖書館排序法**（library sort）或**空位插入排序法**

（gapped-insertion sort），使得執行時間從原本的平方成長轉變為所謂「高機率」的線性對數（linearithmic）成長。不妨從第十章回想此一觀念——當書本數量不多的時候，在書架上設置書擋的前置時間成本，會讓這一方法的速度變慢，但當書本數量龐大的時候，這一方法終究會優於其他種方法。

方法一與方法二的比較，如下所示：

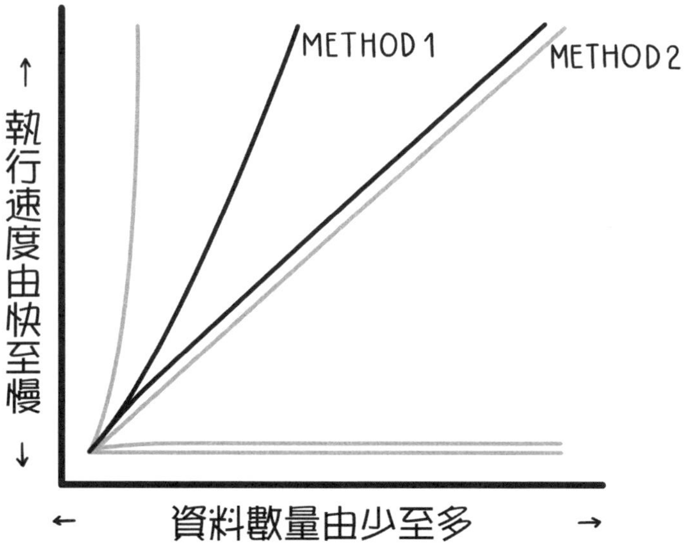

若試想另一種更無可奈何的情節，或許更能看出這類方法的價值。想像以下是圖書館分類法的提出者所描繪的殘酷景象——科技產業逐漸沒落；世人對於各種科技構想的反感與厭倦，猶如一把長矛刺入這一產業的要害。因此，成千上萬名窮困潦倒的科技工作者紛紛逃到地球上的另一個地方。在那裡，這些不得志的專家們得以發揮他們的知識技能來換取免費的披薩和調味醬。大批專業人才的匯聚為這一地區的大學院校注入一股狂喜氣氛。人人都感到興奮不已，除了某一所大學裡恰巧也是從梅德洛克中學畢業的收發室管理員之外。沒錯，他就是十五年後的泰瑞。他現在的工作是管理一整面按照字母順序標記某一系所裡每位研究生名字的信件櫃。每當有新生入學時，他就必須在信件櫃上增加新生的名字標籤，而做法可能是清空某些使用中的信件格，再逐一調整其他名字標籤的位置。

眼前環境的變化，使得他要挪動信件格標籤的頻率激增，他才突然想起十五年前的自己在學校圖書館裡採用過的方法。他認為使用類似當時的方法，即事先保留一些額外的空間就能讓他更省力。於是乎，他開始在眾多使用中的文件格之間騰出一些空位[2]。

2 培基語言（BASIC）是我實際編寫的第一個程式語言。我在近來與友人的談話之中，才想起這幾乎快被我遺忘的記憶——培基語言裡的行號（line numbers）之間通常都具有「間隔」。也就是說，行號的編排往往不會使用行號一接續行號二的方式，而是採用諸如行號一〇下接行號二〇。這一習慣做法使得程式編寫者能夠

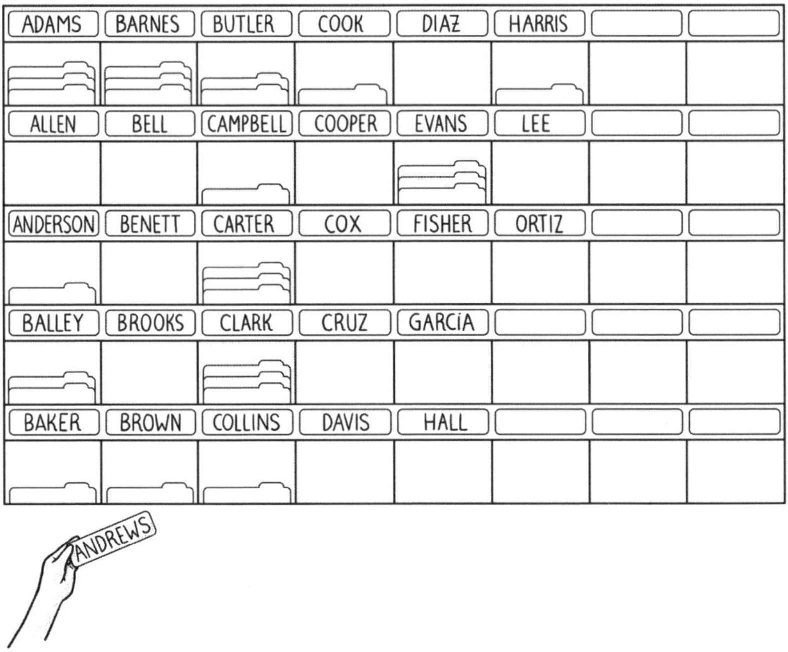

先前提到的「高機率」引領我們進入到重要主題，並得出本章的重點所在。針對不同的方法，我們始終談及它們的「最差情況」及「平均情況」。這些修飾語基本上就代表指標，從而能讓我們大致了解某一特定方法執行完所有輸入資料需要多久的時間，而每一種方法的實際完成時間又需取決於一些因素。以編碼為例，我們會設計一些邏輯分支（例如，如果發生這一情況就繼續執行，反之則跳過），而執行過程走的路徑不同，所需的執行時間也會有所差異。關於輸入資料對於執行時間的影響，我們在第五章裡提到的快速排序法就是一個很好的例子。快速排序法在運用切割與征服策略之前，會先選定一個項目當作**基準值**（pivot）。它利用該基準值將資料分成兩部分——其一部分是數值比基準值小的項目集合，另一部分則是比基準值大的項目集合。藉由任意挑選某一項目當基準值，使得快速排序法在平均狀況的執行時間為線性對數成長。若選中的基準值

在既有的行號之間插入新的程式碼，進而省去重新編號的麻煩。

過大或是過小，那麼在最差的情況下，其執行時間會呈平方成長。執行效率在此之間產生重大轉變的原因在於，如果基準值在各個階段都未能有效地劃分資料集合，我們到頭來還是得查看每一個項目，而這種方式就是我們在前幾章的內容裡描述過的執行效率為平方時間的特徵。

就快速排序法而言，其分析結果告訴我們，這一演算法有很高的機率會以線性對數成長的方式來運作。人們也知道要怎麼做，才能實現這近乎絕對的保證——只要確定基準值不是最小或最大的數值。如此一來平均情況在實際上就能帶給人充分的理由認定，快速排序法會以線性對數成長的效率運作。

但有時候，需視機率而定的保證仍不夠完美。假如我們採用的方法碰巧是應用在關鍵任務上，比方說，操控太空梭；抑或是攸關生死的任務，例如，控制輸送液體藥物的幫浦或是電擊器，那麼我們最在意的無非是這一方法最差情況的指標了。諸如此類將可能產生的結果以等級區分的方法，在日常生活裡的其他應用上也很實用。

對泰瑞來說，他最樂見的當然是執行時間為線性對數成長的平均情況，儘管他可採用的方法在最差的情況下，還是得花費平方時間才能完成。不過現在他大可不必擔心，因為只要他能找到夠多的書擋，或是自己動手做一些間隔物，想必他一定可以準時抵達電影院。

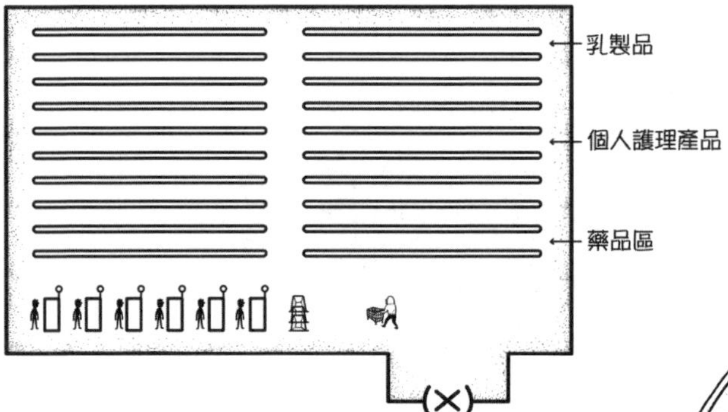
乳製品
個人護理產品
藥品區
(X)

-雞蛋
-肥皂
-奶油
-乳膠手套
-低脂牛奶
-沐浴乳
-優格

12 穿梭貨架走道之間

沃爾茲馬．莫內先生是一位管理避險基金的經理人。直到最近，他在受邀為一群十歲的學童們講述何謂「信用違約交換」之後，突發奇想要成為一名饒舌歌手。那是一場關於「瞭解我的爸爸工作內容」的活動，當天到了中午，沃爾茲馬先生就已下定決心，從今以後要活出自己真正渴望的人生。他每隔兩星期會到住家附近的超市採買，他發現自己常常為了找尋購物清單上的商品而反覆在貨架走道之間徘徊穿梭。每次採買都會耗掉大把時間，再加上他刻意的行走方式——

看起來不太像「黑幫漫步」，反倒笨拙地像是「噢！我得趕上和復健師傅的預約時間」，使得整個過程變得更加慘不忍睹。這件事漸漸在其他饒舌歌手間散佈開來，沃爾茲馬先生那仍顯脆弱的江湖聲望便因此滑落。他不能再繼續讓自己看起來像是個外行人，他得終結淪為同行笑柄的局面。

沃爾茲馬先生正處於人生的重要關口。好消息是我們或許已經知道要怎樣幫助他，是以我們將在這一章裡更詳細闡述前幾章節談到的一些觀念。首先，就讓我們看看沃爾茲馬先生能如何在超市裡尋找待買商品的兩種方法。

目標：減少通過的走道數量。

方法一：按照購物清單上的順序找尋商品。

方法二：事先將購物清單依據商品的類別整理排序，再逐一類別找尋。

『ＹＯ！我在你走的行列裡放入陣列，所以你就不會把自己搞不見。』

在此之前，我們曾討論過「陣列」這一儲存資料集合的基本類型結構。在第六章裡，我們又認識了另一種稱作「矩陣」的實用結構，其作用同樣是儲存資料集合，但不同於陣列一維度的儲存方式，矩陣是沿著二維度儲存資料。然而，這兩種結構也具有共通之處，那就是陣列實際上可以轉換成矩陣。做法是將**字面值**（literal）（像是數字、字母或單字）在各別位置儲存的方式，改換成儲存每一陣列。一個複式陣列稱作「二**維陣列**」（two-dimensional array），或更廣義而言，又稱為「**多維陣列**」（multi-dimensional array）。

就沃爾茲馬先生的情況而言，多維陣列能橫跨兩個維度儲存購物清單，如

	0	1	2	3	4
0	乳膠手套				
1	沐浴乳	肥皂			
2	雞蛋	奶油	低脂牛奶	優格	起司
3	雪蓮子	橄欖油			

此一來他就可以依據超市劃分的商品區域來反覆執行各個子序列（subarray）。因此，與其說他的購物清單是一張品項列表，現在更像是一份種類目錄，但反過來看，各個種類其實就是品項列表[1]。由於超市裡的商品通常都會依據類別擺放，所以沃爾茲馬先生只須走到商品的特定陳列區塊（比方說，個人護理產品），然後再瀏覽個人護理這一陣列去拿取商品即可。其他待買品項的尋找方式也是如法炮製。以上就是方法二的做法。假使他採用方法一，即只憑藉一串待買清單（一組陣列），那麼他可能得耗費十三分鐘左右在走道之間來回查看，因為就最差的情況來說，他每找尋清單上的一個品項，得要走遍所有的貨架走道。若 n 代表走道數量，m 是他清單上的商品數量，可得出「$n / 2 \times m = (n \times m / 2)$」。也就是說，如果有二十項待買商品及四十條走道，他會重覆經過擺放這些商品的二十排

1　所有資料集（data set）幾乎都呈現出類似多維矩陣的樣貌，即包含了多種直行資料，是以統計人員能以此為基礎，進而在橫列數值（觀測值）上執行多樣分析。

貨架二十次，又假設每通過一排走道需花費兩秒，那麼他在走道之間徒勞行走的時間共計約十三分鐘[2]。相較之下，方法二可使他在走道內的移動時間總和不超過一分鐘，理由是他不會重覆經過相同的走道，以最差的情況而言，他最多只會經過所有的走道一次；亦即二分之n。故假設有二十項待買商品及四十條走道，他在走道之間移動的時間不會超過一分鐘[3]。

請注意，雖然方法一和我們在第

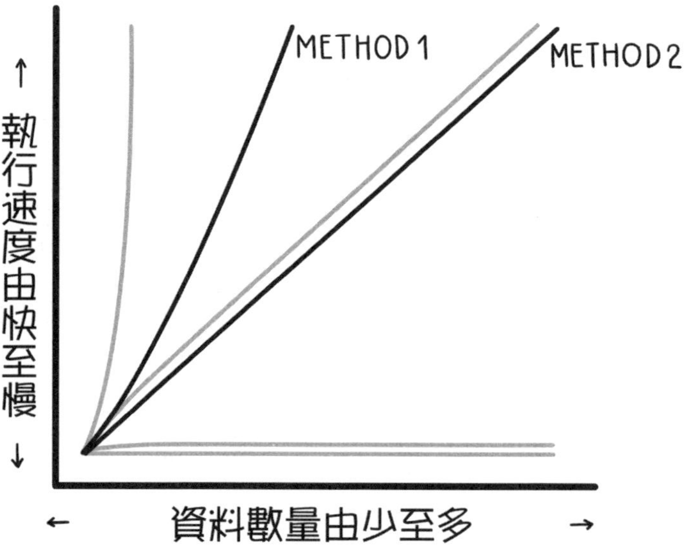

五章及第十一章看到執行效率為平方時間的排序演算法並不完全相像，但基本上確實具有異曲同工之妙，因為在最差的情況下，方法一使得沃爾茲馬先生每找尋一個品項，就可能要走遍商店裡所有的貨架走道。以下為兩種方法的比較圖：

『跟著音樂一起撞、撞、撞！要是你經常這樣橫衝直撞，你就會像村上春樹的小說人物那樣無盡後悔！』

在第一章裡曾探討到「雜湊表」可讓我們不須經過事先排序，就能執行快速查找的實用性。在此談及多維陣列，不失為更進一步瞭解雜湊表的好時機。先前我們始終認為，雜湊函數一定會將項目對應到雜湊表的特定位置，因而能保證查

2 譯註：20（通過的貨架走道數量）×20（待買品項數量）×2（秒）＝800（秒）≒13（分）

3 譯註：20（通過的貨架走道數量）×2（秒）＝40（秒）

找的效率為常數時間。但事實上，雜湊函數會發生**碰撞**（collisions），亦即，不同的項目被對應到雜湊表裡的同一位置。導致這種情況的原因有可能是雜湊函數不盡理想，換言之，這一函數未能善盡平均分配雜湊值的職責，抑或是因為，欲儲存的項目數量超出雜湊表可提供的空間。雜湊表被佔用的比例稱為**載入密度**（**load factor**），其範圍從〇至一，代表雜湊表可使用的空位由多至少的程度。

解決碰撞的方法之一是使用**拉鍊法**（chaining）。拉鍊法可使雜湊表變成項目串列，是以當碰撞發生時，衝突的項目會被推送到那一位置的串列末端，於是不會有任何資料被不小心覆蓋。因此，這樣的雜湊表實際上是一個具有多個串列的資料集合。每當雜湊函數恰巧指定了某個包含多個項目的位置時，就只須在那些項目裡重覆搜尋，直到找到目標物為止，而當然了，使用者能清楚看見這一過程。

『你納悶下一步該怎麼走。別擔心，我會趕緊告訴你往哪裡走。』

另一個值得說明的重點是，先前提到的多維陣列，其資料項目實際上被賦予了優先次序，也就是從超市的入口到擺放那些品項的特定走道的距離。我們不妨藉此來深入瞭解在第八章裡概略提及的「優先權佇列」吧！當時我們談到，若要在一份已經排好優先次序的手寫清單上加入新項目，你可能得為了騰出新空間而塗改部分區塊，很快地，整份清單也因此變得一團亂，到頭來只好再重寫一份。那麼，就我

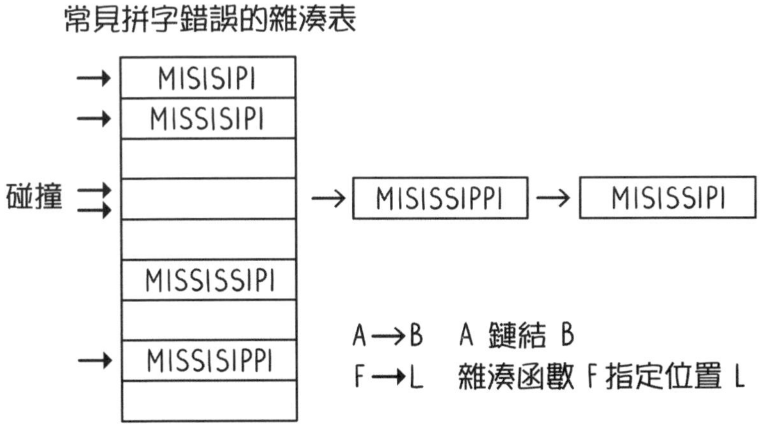

們認為能夠以有效率的方式處理這類清單的機器又會怎麼做呢？我們已介紹過「陣列」（array）和「連結串列」（linked lists）這兩種分別針對掃描資料，以及在任意位置插入資料的最佳結構。現在我們則要進一步瞭解「優先權佇列」此一能在對數時間內，於資料集合裡提取首要項目[4]的最理想結構。雖名之為「佇列」，但它並不像人們普遍認知的——最早進入的項目會最先離開[5]。相反地，我們可將優先權佇列想像成是一次只會從土裡長出一株嫩芽，並供路人摘取的某種植物。

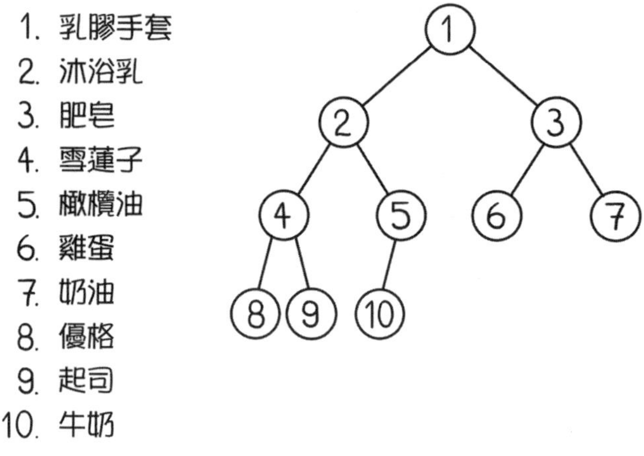

當我們摘下那株好比首要任務的嫩芽時，植物會**重新平衡**（rebalance），然後再冒出第二優先的任務，依此類推。優先權佇列的這一特殊面向被稱作**堆積**（**heap**）。雖然我們無法藉由比喻來完整說明堆積概念，但這一有趣的資料結構依然值得我們去瞭解它是如何能自行重新平衡，並在對數時間內把最優先的項目拿到頂端？且它又是如何確保插入資料也能以相同的執行效率完成？

讓我們先將沃爾茲馬先生的排序清單建構成堆積的樣貌，見右頁圖。

4 事實上，優先權佇列會提取最小值（或最大值）權重的資料，但我們在此是運用這一特性來提取最優先的項目。

5 話雖如此，但確實存有符合這種「先進先出」（first-in-first-out, FIFO）特性的資料結構，其類似應用也可見於日常生活之中。不妨想想雜貨店將容易腐壞的商品擺上貨架的方式，即是把較舊的擺在前端，較新的則放在後方。

你發現了嗎？堆積結構其實就是一株節點樹，並有兩大特性。其一為，每一節點被賦予的優先程度都低於本身的父節點[6]。而這也就是為什麼具有最高優先權的項目（距離商店入口最近的待買品項）會位於樹的最上方。然而，我們無從推斷其餘節點（例如，位於同一階層的兄弟節點）的次序。有一些另外的資料結構其樹狀圖裡的所有節點都經過了排序，比方說，**二元搜尋樹**（binary search tree），而這在第二章所描述的情境裡就相當管用。堆積的第二大特性是，除了最低階層的節點之外，

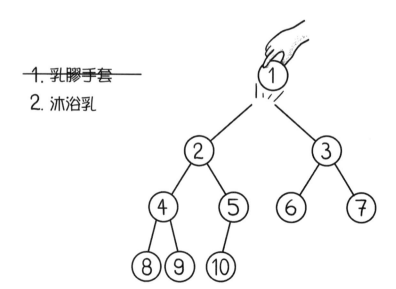

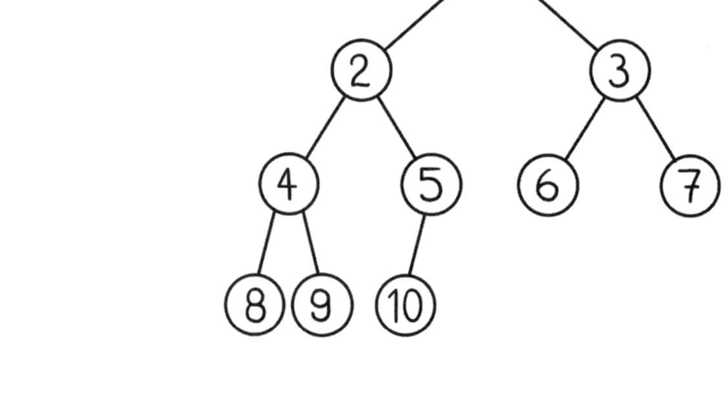

各個節點都有兩個子節點。這一固定結構確保了堆積的高度（亦即，最長的可能路徑）絕不會深於 log n，其中 n 代表堆積裡的項目數量。

當沃爾茲馬先生拿到了放在距離商店入口處最近的一盒乳膠手套之後，接下來他又該去拿取哪一項待買商品呢？

一旦移除了頂端節點，堆積的首要特性就失去作用，因而它會利用重新平衡的演算法，先以堆積尾端的節點代替空的根節點，然後再將這一新的根節點與它的最小子節點相互對照，以判斷是否需要調換位置。此一在父節點和兩個子節點中的最小值之間進行對照、調換的過程，會一路往下執行到堆積結構的最末一個

6 除了最上方的節點（根節點）之外，理由是它沒有父節點。

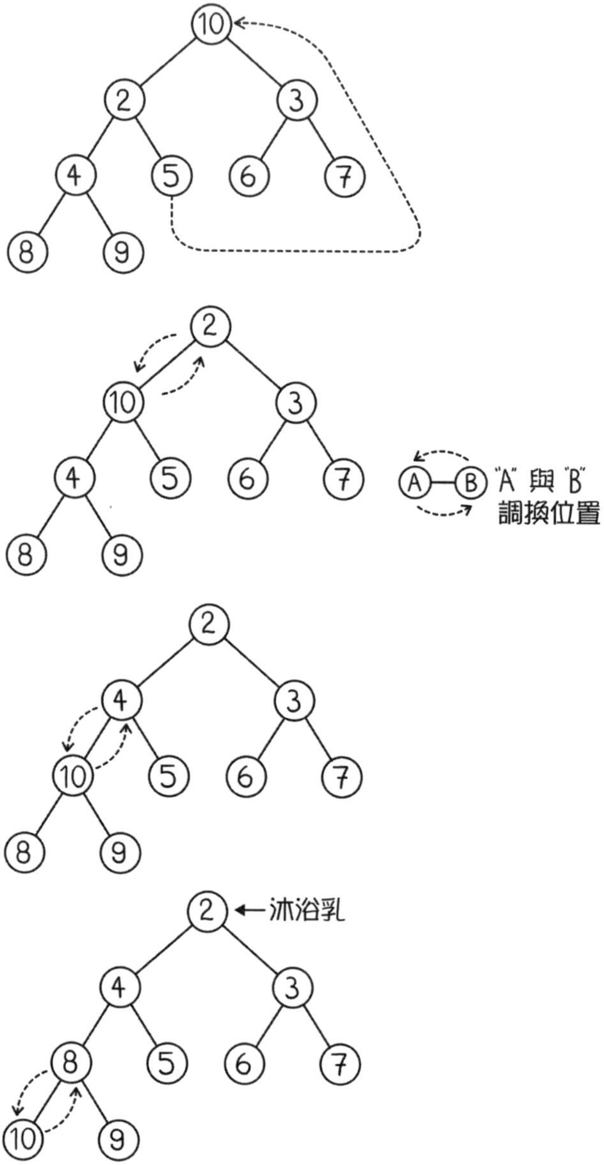
"A" 與 "B"
調換位置
沐浴乳

節點為止。請注意，重新平衡的過程需花費的時間為對數成長[7]，且最後會將距離第二近的待買項目呈現在頂端。

同樣地，若我們要在列表裡插入一個新的優先項目，就無須刪除任何項目，且移動的次數不會超過 $\log n$ 次。操作方法是先將新項目加入到堆積的尾端，若新項目的父節點數值恰巧比較大，則與之調換。一路往上持續這一調換過程直至樹根（假如父節點的數值都比較大）。

我們最後以幾頁篇幅描述了電腦在解決問題時，可能會運用的巧妙途徑。特別安排在本書的最後一章提及，是為了突顯宛如科學方程式的演算法，其實也蘊含著人們看待藝術等學科的特性，是那麼美麗典雅，充滿魅力。若你有機會去探

7 $n=10$，$\log_2 10 \fallingdotseq 3$

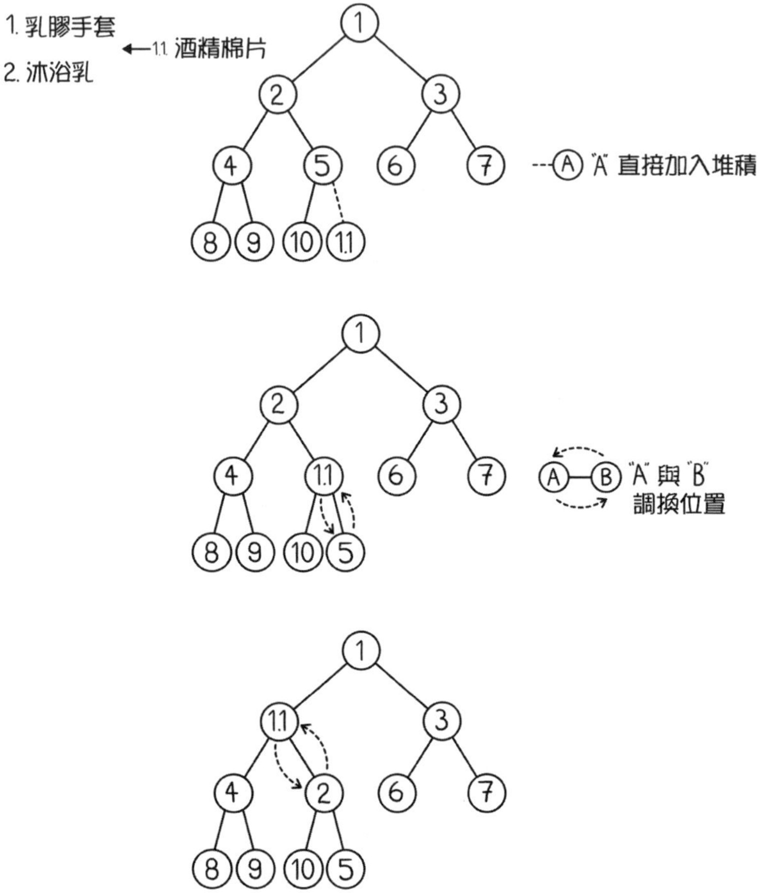
1. 乳膠手套
←1.1 酒精棉片
2. 沐浴乳
"A" 直接加入堆積
"A" 與 "B" 調換位置

索演算法為核心概念的進階知識時，除了關注其結果與執行效率之外，也不妨留意它們是如何被建構而成。無論是以哪一種視角，你在探索的過程裡或許會發現自己置身在一個人工智慧無所不在的世界，演算法在此之中的應用包括了醫生能更快速診斷出病因，從而拯救患者生命，或是研究人員能更有效掌握諸如人類基因體的複雜性。你可能也會發現自己生活在一個充滿賽局理論的世界，而演算法在其中的運用包括有，汽車共乘公司能做出更好的決策，把在某一特定時間裡途經路線碰巧重疊的乘客們兜在一起。抑或是你或許會投入電腦視覺領域，思考如何讓無人駕駛汽車更趨完善和普及化；或是鑽研影像處理，跳脫傳統的亮度及對比等簡單的變換手法，轉而探究依據進階演算法而產生出的多種權衡結果，比方說，如何以最好的方式進行影像的模糊、銳化，以及鏡頭或色彩校正等。演算法的應用範圍著實廣闊無邊！

至於沃爾茲馬先生的情況，他的前衛饒舌事業可望蒸蒸日上。人們壓根兒不會把饒舌和『陣列』、『雜湊表』、『優先權佇列』聯想在一起。那簡直太令人耳目一新了！沃爾茲馬先生正悄悄籌劃著，打算在兒子下星期的十一歲生日派對上舉辦一場饒舌爭霸戰，以此當作送給兒子的生日驚喜。眼前的一切都盡如人意，還有什麼可挑剔的呢？最重要的是，他在超市裡的採買效率大大提升，讓他不由得在即將發行的單曲裡讚頌了一番。祝他一帆風順！

不耍花樣，不講瞎話，我改頭換面，我是一隻浴火重生的鳳凰
不拐彎抹角，要像比爾希克斯（Bill Hicks）那樣有話直講
我的速度快到你相信不了，從果醬、舒潔
麵包、牛奶、蜂蜜、有機糖，到布朗尼烘焙粉
你們盯著我看，一個一個全都目瞪口呆、呆若木雞，

你們無地自容，但又承認不了
我無所謂
瞧，你們是影評
我是麥可貝（Michael Bay）的大螢幕主角

結語

曾經有人向費曼先生問道，他那眾所周知的快速解決問題的能力，究竟是如何培養而成的？費曼先生的回答是，他總是以多種方法建構問題。換言之，他從不同的角度看待問題。類比法、方程式、辯證法可以是觀看問題的各種角度。但對於費曼先生，這位永遠能吸引人目光的大師而言，閱讀一本能夠撼動讀者內心的絕妙小說也可以是洞悉問題的另一種角度。

在藝術領域裡也存有類似的概念，即能夠以不遺漏任何細節，從多方視角描繪景物的手法被奉為王道。說來有趣，這是建築師布魯內萊斯基（Brunelleschi）

在文藝復興時期開創的技巧。他想出了一種表現直線透視法的數學法則，因此得以十分精確地畫出佛羅倫斯聖若望洗禮堂（Baptistery of Saint John）的素描圖。距離較近的物體視覺感受會放大，距離較遠的則看起來會縮小，洗禮堂的磚瓦線條則會真實相交於一點。日後諸如義大利畫家佩魯吉諾（Pietro Perugino）的《遞送鑰匙》及拉斐爾的《雅典學院》的壁畫作品，就是延續應用了該透視原理的很好例子。

我們在本書的導言裡提及，關注相對程度和日常任務，能讓原本複雜的主題變得更切身相關。如此一來我們的腦袋也會像是被裝設了觸動開關，時刻提醒著我們要思索眼前的選項。是以下次當你看見一堆排序整齊的物品時，你或許會浮現「啊，我可以選擇聰明的快方法或笨拙的慢方法，是要選擇在平方或線性對數時間內完成。」抑或是有一天，你的兒女、姪女或姪子問你「二分搜尋法」是什麼玩意兒，你的腦海裡或許會迸出「啊，自由，蘇格蘭的民族英雄威廉・華勒斯。啊，艾培．湯亞姆！那個要在一排衣架上拿到合適尺寸衣服的女人。」類似這樣的聯想很快就能在腦中勾勒而出，且樂趣橫生。此外針對某一特定任務，如果我們能夠瞭解其包含的所有選項樣貌，那麼就能在很大程度上幫助我們辨別選擇的好與壞。

「演算法」是當今許多人常常掛在嘴邊的詞語，恰似於幾年前流行的「大數據」或在不久的未來會備受矚目的「深度學習」。我誠心希望讀者從這本書裡獲取到的，是那些並不會隨著流行風潮漲退而失去價值的觀念，也誠如先前提到的巴比倫泥板，這些觀念早已紮根在深遠的歷史土壤裡。正因為它們具有這般永恆特質，因此值得反覆討論補充，且最重要的是，我們能從中學會如何運用演算法，讓它成為有助於我們更靈活思考的工具。

謝辭

每一位曾經用心閱讀這本書的人，都賦予了這本書更多的價值。我非常感謝賽斯（Seth Fishman）總是得在那麼短的期限內完成提案。我也很感謝梅蘭妮（Melanie Tortoroli）為這本書訂立簡潔明瞭的標題，還有她不吝為我指引方向，提供洞見和著手校訂，以及喬治娜（Georgina Laycock）給予的想法建議和編輯。謝謝維京出版社、約翰默里出版社的厚愛。特別感謝第三次共同合作，才華洋溢的夥伴阿勒詹卓（Alejandro Giraldo）提供的畫作，以及山姆（Sam Penrose）、伊蓮娜（Elena Glassman）和馬克里德（Mark Reid）投注時間檢查手稿且給予意見回饋，第十一章裡提到的程式語言BASIC就是出自馬克的想法。因為有他們每一位的協力幫助，這本書才有誕生的可能。謝謝馬克·舒文（Mark Surman）對這一書寫計劃雛形的支持，也由衷感謝彼得（Peter Norvig）分享該如何修訂初期版本的看法，必需再次申謝伊蓮娜（Elena Glassman）的推薦，我才有幸拜讀了彼得的著作。

最重要的是，我要感謝我的妻子達娜（Danah）以及我的父母。

延伸學習

本書內容觸及許多概念主題。下列的參考資料除了進一步闡述這些概念之外，也能讓你更清楚掌握構成討論基礎的理論與實務應用。

書名：《學習是如何發生的》（*How Learning Works: Seven Research-Based Principles for Smarter Teaching*）／作者：Susan A. Ambrose等人／出版：紐約約翰威立出版社，二〇一〇年。

本書雖為學術著作，但收錄了許多如何幫助學生學習的實用建議。關注以實證為本的方法及理論的基礎知識為本書的特點。

文章名稱：《美國政治的數據史（第一篇）：從布萊安到歐巴馬》（*A History of Data in American Politics (Part 1): William Jennings Bryan to Barack Obama*）／作者：Jody Avirgan／出處：FiveThirtyEight／網址：www.fivethirtyeight.com/features/a-history-of-date-in-american-politics-part-1-william-jennings-bryan-to-barack-obama.

政治除了雄辯言詞之外，還有更多能影響人心的手法。這篇文章概述如何以本書討論到的某些概念（像是記憶、數據和連結等）來觀察美國政治史。

書名：《學術的進步》（*The Advancement of Learning*）／作者：法蘭西斯・培根／出版：London: J. M. Dent & Sons，一九八四年。

本書描述關於網球的一個例子始終縈繞我心。它在序言開場白裡引用了一段話：「雖然網球在本質上是白費力氣的一場遊戲，但就它能漸漸讓人培養眼明手快、身手矯捷的層面來說，卻是大有助益。因此同樣地，在數學這一領域裡看似附帶產生的間接效用，其價值絕不會低於那些打從一開始就預期獲得的結果。」

題名：《Insertion Sort is O(n lon n)》／作者：Michael A. Bender, Martin Farach-Colton, Miguel Mosteiro／刊載：二〇〇六年「Theory of Computing Systems」期刊第三十九冊，第三期，三九一至三九七頁。

若你對第十一章裡談到的圖書館排序法感興趣，可深入閱讀該篇文章。

書名：《人月神話：軟體專案管理之道（二十週年紀念版）》（*The Mythical Man-Month: Essays on Software Engineering*）／作者：Frederick P. Brooks／出版：

Addison-Wesley Longman，九九五年。

這是一本以軟體工程的脈絡探討專案管理的曠世巨作。主旨揭示在專案裡一味投注人力資源的做法未必有幫助。

書名：《Mazes for Programmers: Code Your Own Twisty Little Passages》／作者：Jamis Buck／出版：The Pragmatic Programmers，二〇一五年。

本書廣泛探討了建構與解決迷宮問題背後所使用的演算法。二〇一五年末，在我猶豫著究竟是要繼續以說故事的方式教導演算法，還是該另尋他法之際，偶然閱讀了這本書，而當中的某些內容正好讓我對當時反覆思索的問題有了豁然頓開的驚喜體悟。

書名：《Music Recommendation and Discovery: The Long Tail, Long Fail and Long Play in the Digital Music Space》，四十三至五十八頁／作者：Oscar Celma／出版：Springer-Verlag，二〇一〇年。

關於音樂探索，除了我們在第六章裡談到的內容之外，還有其他更多元的參考面向，而這就是一本絕佳的入門書。

書名：《數字感──1、2、3哪裡來?》（*The Number Sense: How the Mind Creates Mathematics*）／作者：史坦・狄昂（Stanislas Dehaene）／出版：New York: Oxford University Press，一九九九年。

猶記我一開始閱讀的認知心理學書籍，是皮亞傑（Jean Piaget）的著作《兒童智慧的起源》等書。後來我在Radiolab廣播電台的一集節目裡，初聞史坦先生的著作，接著很快就對他在關於孩童心智的運作和發展模式上提出的想法產生濃厚興趣。

名稱：《6.006—Introduction to Algorithms》／講者：Erik Demaine, Srinivas Devadas／出處：麻省理工學院開放式課程網頁（MIT OpenCourseWare），二〇一一年。

這一系列免費的課程影片以淺顯易懂的方式深入講解演算法。

書名：《直覺與其他思想工具》（*Intuition Pumps and Other Tools for Thinking*）／作者：丹尼爾・丹尼特（Daniel C. Dennett）／出版：New York: W. W. Norton，二〇一三年。

我愛死這本書了！也還記得某次從加州獨自駕車到佛羅里達的路程上，一邊收聽這本書的音檔的珍貴回憶。我強力建議最起碼要讀過這本書綜述思考工具的前兩章內容。

書名：《Comparisons》／作者：Diagram Group團隊／出版：New York: St. Martin's Press，一九八〇年。

此刻你所翻閱的這本書的暫定書名原為《Comparisons》，原意是為了向該製作團隊致敬。該書使用了始終能擄獲我心的方式，以插圖和比例關係來闡述內容。

書名：《兒童良好教養手冊》（A Handbook on Good Manners for Children: De Civilitate Morum Puerilium Libellus）／作者：Desiderius Erasmus（伊拉斯莫斯），Eleanor Merchant編訂／出版：London: Preface，二〇〇八年。

最近觀賞了ＢＢＣ製作的迷你影集「狼廳」（Wolf Hall）後，我才知道原來伊拉斯莫斯和那位繪有《湯瑪斯・摩爾》、《湯瑪斯・克倫威爾》等眾多著名肖像畫的德國畫家小霍爾班（Hans Holbein the Younger）為至交。在這部影集裡，我最喜歡湯瑪斯・摩爾（Thomas More）說的一段台詞：「我所擁有的一切僅不過是腳下這一方立足點，這個立足點代表的就是湯瑪斯・摩爾的堅信思想。若你想佔據擁有，那你就得奪取。」而我在伊拉斯莫斯的書裡最喜歡的一段話則是：「有些人教導孩子應該要緊縮臀部，憋住那股腸胃消化產生的氣體。但是，為了表現出有教養的形象而讓自己感到不舒服並非良好的方法。你可以到無人之處解放，那不然就如同古老俗語所言『以咳嗽聲掩蓋放屁聲』吧！」[1]

書名：《別鬧了，費曼先生》（「*Surely You're joking, Mr. Feynman!*」：*Adventures of a Curious Character*）／作者：理查費曼、拉夫雷頓（Ralph Leighton）、愛德華哈欽斯（Edward Hutchings）／出版：New York: W. W. Norton，一九九七年。

書名：《你管別人怎麼想》（*What Do You Care What Other People Think?: Further Adventures of a Curious Character*）／作者：理查費曼、拉夫雷頓（Ralph Leighton）／出版：New York: W. W. Norton，二〇〇一年。

若想瞭解費曼先生這位傑出的科學家是如何觀看世界，《別鬧了，費曼先生》及《你管別人怎麼想》這兩本書為必讀之作。我第一次閱讀這兩本書是在二〇〇五年，那時我還是一個就讀於匹茲堡大學研究所，性格有點孤僻內向的學生。這兩本書是少數幾本我會稱作是改變我對人生看法的重要書籍。

題名：《School Engagement: Potential of the Concept, State of the Evidence》／編著者：Fredricks, J.A.、Blumenfeld, P.C.、Paris, A.H.／出處：二〇〇四年「Review

1　根據某佚名的譯本，伊拉斯莫斯在這段話的結語是「此外否認放屁的人，就是放屁者本人。」

of Educational Research」第七十四期，第一卷，五十九至一〇九頁。

我很喜歡這篇論文關於參與度（engagement）及如何提供學生在課堂上有趣學習的論述。

書名：《受壓迫者教育學》（*Pedagogy of the Oppressed*）／作者：保羅．弗雷勒（Paulo Freire）／出版：England: Penguin Books，一九九六年（初版：The Continuum Publishing Company，一九七〇年）。

我會把學生比喻成容器，是受到弗雷勒先生所提出「囤積式教育」（banking model of education）的啟發。這本書談到以「規定」（相較於「自由選擇」）作為一種壓迫手段的說法讓我心有戚戚焉。另外，內容也深入闡述了積極的思辨能力，以及具有求知意願的學習才是真正擺脫束縛與壓迫的方法。整體而論，這是一本極為發人深省的作品。

題名：《The Man Who Tried to Redeem the World with Logic》／作者：Amanda Gefter／出處：Nautilus, Feb 5，二〇一五年。

偉大的想法可能源自最意想不到之處。這篇論文詳述沃爾特・皮茲（Walter Pitts）的成功歷程和在認知神經科學上做出的貢獻。我們在序言裡提到馮・諾伊曼的例子就是出自於本文。

題名：《The Collective Wisdom of Ants》／作者：Deborah M. Gordon／出處：Scientific American, Feb 1，二〇一六年。

第四章裡描述螞蟻可能會利用回溯方法的參考出處來自於此。

書名：《Mythology: Timeless Tales of Gods and Heroes》／作者：Edith Hamilton／出版：Boston: Little, Brown，二〇一二年。

第四章裡賽修斯（Theseus）的故事參考來源為此。

題名：《For World's Newest Scrabble Stars, SHORT Tops SHORTER》／作者：Drew Hinshaw, Joe Parkinson／出處：華爾街日報，May 19，二〇一六年。

第八章裡提到在拼字大賽裡採用逆向思考策略獲勝的例子來自於本文。

書名：《Alan Turing: The Enigma》／作者：安德魯・霍奇斯（Andrew Hodges）／出版：New York: Audible Studios，二〇一二年。

書中講述到艾倫圖靈和一群解密高手在一九四〇年代於布萊切利園（Bletchley Park）進行解密任務的部分值得詳閱，因為這和我們談及的某些概念相關。例如，炸彈（Bombe）解碼機器的改良使得破解德國恩尼格碼（Enigma）密碼機的時間大幅縮短，其改良手法是掌握恩尼格碼的初始設定。

題名：《Numbers Guy: Are Our Brains Wired for Math?》／作者：Jim Holt／出處：紐約客雜誌, March 3，二〇〇八年。

這是一篇介紹法國學者史坦狄昂（Stanislas Dehaene）研究工作的出色文章。文中描述他「頂著一顆寸草不生的光滑頭顱」（has a glabrous dome of head），我倒是第一次見識到這幾個單字可以這樣組合使用。

題名：《古巴比倫演算法》／作者：高德納（Donald E. Knuth）／出處：一九七

二年「ACM通訊雜誌」第十五期，第七卷，六七一至六七七頁。

巴比倫演算法的舉例出自本篇論文。

書名：《電腦程式設計藝術。第一卷：基礎演算法》（*The Art of Computer Programming, Volume 1: Fundamental Algorithms*）／作者：高德納（Donald E. Knuth）／出版：Reading, MA: Addison-Wesley，一九七三年。

書名：《電腦程式設計藝術。第三卷：排序與搜尋》（*The Art of Computer Programming, Volume 3: Sorting and Searching*）／作者：高德納（Donald E. Knuth）／出版：Reading, MA: Addison-Wesley，一九七三年。

這套書讀來雖具挑戰性，但高德納教授的著作言甚詳明，提供全面且扎實的歷史脈絡和數學嚴謹性。

書名：《心智衝擊：兒童、電腦與神奇的主意》第二版（*Mindstorms: Children, Computers, and Powerful Ideas*）／作者：西摩．帕博（Seymour Papert）／出版：New York: Basic Books，一九九三年。

我閱讀本書的目的是想深入瞭解作者受皮亞傑的「建構主義」（constructivism）學習理論啟發，而提出的「建造主義」（constructionism）觀點。作者倡導以發現模式、團體討論與專題導向作為學習的途徑。

書名：《推理的迷宮》（*Labyrinths of Reason: Paradox, Puzzles, and the Frailty of Knowledge*）／作者：威廉．龐士東（William Poundstone）／出版：New York: Doubleday，二〇一一年。

第四章斯坦霍普（Stanhope）伯爵的花園迷宮例子出自於此。

書名：《演算法》第四版（*Algorithms*）／作者：Robert Sedgewick、Kevin Wayne／出版：Reading, MA: Addison-Wesley，二〇一一年。

若你想找一本演算法的參考書，我會推薦就選這一本吧！該書以圖解方式闡述許多概念，對於理解演算法的運作架構具有莫大幫助。

書名：《人造物的科學》第三版（*The Science of the Artificial*）／作者：賽門（Herbert A. Simon）／出版：Cambridge, MA: MIT Press，一九九九年。

我們在導言裡談論到的多樣化結果，部分是受到賽門於該書中提及「滿意解」（satisficing solutions）的啟發。

題名：《為紐約時報打造新一代推薦系統》（*Building the Next New York Times Recommendation Engine*）／作者：Alexander Spangher／出處：紐約時報「Open」部落格, August 11，二〇一五年。

這篇部落格文章詳述如何就文字為主的檔案打造出推薦引擎。

題名：《Proposals for the Development in Mathematics Division of an Automatic Computing Engine》／作者：艾倫圖靈（Alan M. Turing）／出處：英國國家物理實驗室（NPL）執行委員會，Report E882, February，一九四六年。

第三章裡關於圖靈的研究報告出處於此。

題名：《大腦如何決定你的認知》（*How Your Brain Decides Without You*）／作者：

湯姆・范德比爾特（Tom Vanderbilt）／出處：Nautilus網站，Nov. 6，二〇一四年。

第八章裡提到，人們往往會將新訊息形塑為符合原本認知的樣貌，其觀點參考來自於此文。

書名：《當文憑成騙局，二十一世紀孩子必備的四大生存力》（*Most Likely to Succeed: Preparing Our Kids for the Innovation Era*）／作者：東尼・華格納（Tony Wagner）、泰德・汀特史密斯（Ted Dintersmith）／出版：New York: Simon & Schuster，二〇一五年。

我們曾說到，偉大的文明貢獻者大多都是接受學徒式教育，而不是筆記抄寫員，其觀點來自於此。這是一本闡述學習不可多得的好書。

書名：《資料結構與問題求解：Java語言描述》第三版（*Data Structures and Problem Solving Using Java*）／作者：馬克衛斯（Mark Allen Weiss）／出版：Reading, MA: Addison-Wesley Longman，二〇〇二年。

第十章關於最高次項的例子出自本書。

書名：《Constructivist Learning Environment: Case Studies in Instructional Design》／作者：威爾遜（Brent G. Wilson）／出版：Englewood Cliffs, NJ: Educational Technology，一九九九年。

在閱讀發展心理學相關書籍的過程中，這是少數幾本我讀到談及建構主義，也就是認為探索和遊戲有助於認知發展的著作。

題名：《計算思維》（*Computational Thinking*）／作者：周以真（Jeannette M. Wing）／出處：二〇〇六年。年「ＡＣＭ通訊雜誌」第四十九期，第三卷，三十三至三十五頁

在準備這本書的初稿時，我偶然拜讀到這一篇由我的前指導教授發表的文章，並對於她也談及類似的想法而感到興奮不已。這篇論文從不同的視角闡述演算法思考這一主題。

成長率

本書的主要重點之一是對完成同一份任務的不同方法予以比較。幾乎在每一章節裡，我們都以成長率的圖來呈現比較結果，而圖中的曲線也刻意未多做標示說明。以下將概述我們討論到的成長率，從速度最快（最好）到最慢（最差）依序列出。

常數時間（CONSTANT TIME）：若有一批資料，假設其數量增加兩倍，完成任務的所需時間仍維持不變。

對數時間（**LOGARITHMIC TIME**）：就數量夠多的一批資料而言，假設其數量增加兩倍，完成任務所需的時間約增加一倍。

線性時間（**LINEAR TIME**）：就數量夠多的一批資料而言，假設其數量增加兩倍，完成任務所需的時間也會增加兩倍左右。

線性對數時間（**LINEARITHMIC TIME**）：就數量夠多的一批資料而言，假設其數量增加兩倍，完成任務所需的時間會增加約三倍。

平方時間（**QUADRATIC TIME**）：就數量夠多的一批資料而言，假設其數量增加兩倍，完成任務所需的時間會增加四倍左右。

指數時間（**EXPONENTIAL TIME**）：就數量夠多的一批資料而言，假設其數量只增加一倍，完成任務所需的時間會增加兩倍！本書比較圖裡最左邊的淡色曲線就代表指數時間的成長曲線。

本書架構分類

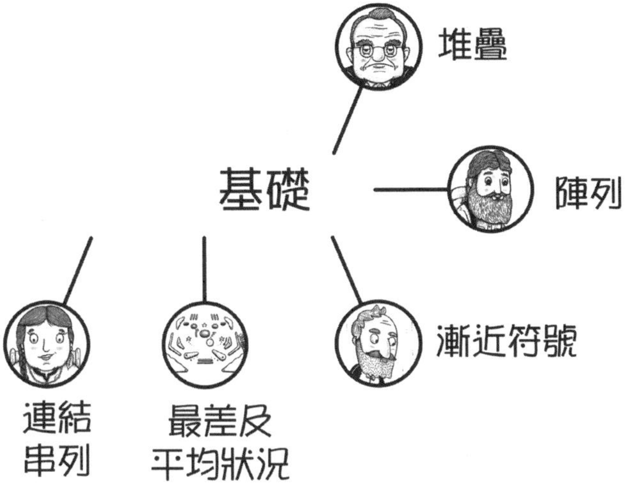

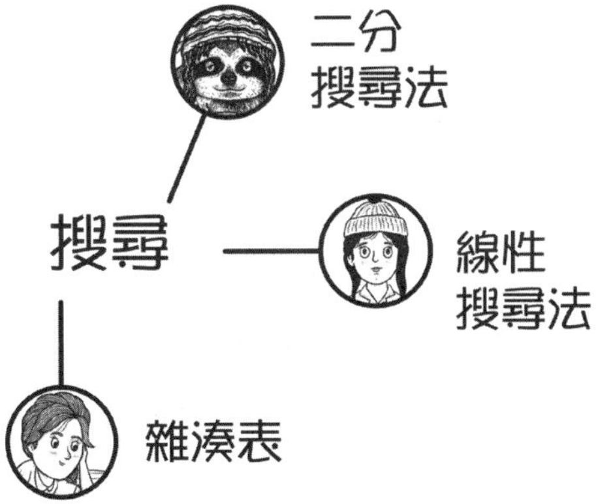

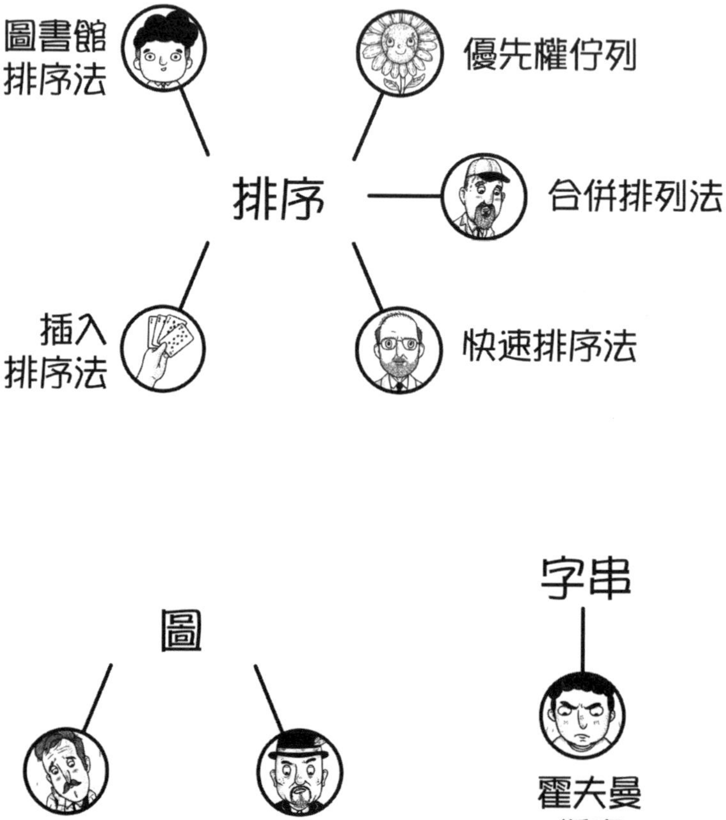

排序
圖書館排序法
優先權佇列
合併排列法
插入排序法
快速排序法
圖
解迷宮
鏈結分析
字串
霍夫曼編碼

新商業周刊叢書BW0649

做決定不要靠運氣

從出門購物到分類郵件，用演算法找出人生最佳解

原 書 名／BAD CHOICES
作　　者／阿里・艾默沙維（Ali Almossawi）
譯　　者／朱詩迪
企 劃 選 書／陳美靜
責 任 編 輯／簡伯儒
版　　權／翁靜如
行 銷 業 務／石一志、周佑潔

總 編 輯／陳美靜
總 經 理／彭之琬
發 行 人／何飛鵬
法 律 顧 問／台英國際商務法律事務所　羅明通律師
出　　版／商周出版
臺北市104民生東路二段141號9樓
電話：(02) 2500-7008　傳真：(02) 2500-7759
E-mail: bwp.service @ cite.com.tw
發　　行／英屬蓋曼群島商家庭傳媒股份有限公司　城邦分公司
臺北市104民生東路二段141號2樓
讀者服務專線：0800-020-299　24小時傳真服務：(02) 2517-0999
讀者服務信箱E-mail: cs@cite.com.tw
劃撥帳號：19833503　戶名：英屬蓋曼群島商家庭傳媒股份有限公司城邦分公司
訂 購 服 務／書虫股份有限公司客服專線：(02) 2500-7718；2500-7719
服務時間：週一至週五上午09:30-12:00；下午13:30-17:00
24小時傳真專線：(02) 2500-1990；2500-1991
劃撥帳號：19863813　戶名：書虫股份有限公司
E-mail: service@readingclub.com.tw
香港發行所／城邦（香港）出版集團有限公司
香港灣仔駱克道193號東超商業中心1樓
E-mail: hkcite@biznetvigator.com
電話：(852) 25086231　傳真：(852) 25789337
馬新發行所／城邦（馬新）出版集團
Cite (M) Sdn. Bhd.
41, Jalan Radin Anum, Bandar Baru Sri Petaling, 57000 Kuala Lumpur, Malaysia.
電話：(603) 9057-8822　傳真：(603) 9057-6622　E-mail: cite@cite.com.my

封面設計／黃聖文
印　　刷／韋懋實業有限公司
經 銷 商／聯合發行股份有限公司　電話：(02) 2917-8022　傳真：(02) 2911-0053
地址：新北市新店區寶橋路235巷6弄6號2樓

■2017年（民106）10月初版　Printed in Taiwan

國家圖書館出版品預行編目（CIP）資料

做決定不要靠運氣：從出門購物到分類郵件，用演算法找出人生最佳解／阿里・艾默沙維（Ali Almossawi）著；朱詩迪譯. -- 初版. -- 臺北市：商周出版：家庭傳媒城邦分公司發行，民106.10
面；　公分
ISBN 978-986-477-333-6（平裝）
1. 決策管理　2. 演算法　3. 創造性思考
494.1　106017636

定價270元
ISBN 978-986-477-333-6

城邦讀書花園
www.cite.com.tw